FRANÇOIS LO JACOMO
ILLUSTRATIONS : DANIEL MULLER

VISUALISER
LA QUATRIÈME
DIMENSION

VUIBERT

Chez le même éditeur :

Ancien élève de l'École normale supérieure, agrégé de mathématiques,
François LO JACOMO fut d'abord professeur en classes préparatoires scientifiques
avant d'entreprendre une triple carrière d'informaticien, de linguiste spécialisé
en… esperanto, et de mathématicien. Dans le cadre de l'association Animath,
il participe à la préparation des candidats français aux Olympiades internationales
de mathématiques. Il est également responsable de la rubrique des problèmes
dans le bulletin de l'Association des professeurs de mathématiques
de l'enseignement public.

Mathématicien, formateur d'enseignants à l'IUFM de Marseille,
Daniel MULLER a réalisé les polyèdres qui illustrent le texte.

Composition et mise en page : Isabelle Paisant
Couverture : Vuibert / Arnaud Martin
Les polyèdres de la couverture ont été dessinés par Léonard de Vinci au XVe siècle,
et *Alice* par Sir John Tenniel au XIXe siècle.

ISBN 2-7117-5315 8

Table des matières

Avant-propos

« La mathématique est l'art de la déduction... »

C'était le premier vers d'un sonnet que j'ai composé lorsque j'étais lycéen. Et, non sans un certain mépris, mon prof de maths de l'époque avait rétorqué : « ce n'est pas un art, c'est une science ».

Pour moi, les mathématiques sont toujours un art. Certes, je ne méconnais pas les contraintes de rigueur formelle pour qu'une démonstration soit acceptée de la communauté mathématique, mais ceci ne prévaut pas sur la beauté des objets et concepts mathématiques, l'élégance des démonstrations dont certaines, difficiles, ne nécessitent presque aucune connaissance. Les pages de calcul fastidieux où symboles et formules plus abstraits les uns que les autres dissimulent les idées essentielles, lorsqu'il y en a, ne sont que le vilain côté des mathématiques, et leurs auteurs ne sont pas toujours parmi les meilleurs mathématiciens.

L'envie m'est venue de faire partager ce goût pour l'art des mathématiques, mais plus encore que l'art de la déduction, c'est l'art de la construction qui va retenir notre attention : nous allons construire de beaux objets mathématiques. Et je suis heureux qu'Henri Delekta, ingénieur architecte spécialiste des polyèdres, lauréat (entre autres) d'un concours international pour un projet d'opéra de Sofia en forme de rhombicosidodécaèdres interpénétrés, ait accepté d'écrire la préface de ce livre, d'autant que c'est lui qui, il y a plus de vingt ans, m'a présenté les hyperpolyèdres... ainsi que le fameux problème du miroir : pourquoi un miroir inverse-t-il la gauche et la droite et non pas le haut et le bas ?

C'est d'ailleurs par ce problème du miroir que commence le présent ouvrage. Certes, ce problème n'a rien de mathématique, mais il permet d'introduire la question : les concepts mathématiques sont-ils des concepts comme les autres ? Comment voir les objets mathématiques pour en apprécier la beauté ? C'est ma double formation, de linguiste et de mathématicien, intéressé par les sciences cognitives, qui me permet d'appréhender cette question : les concepts mathématiques ne sont pas fondamentalement différents des autres concepts, et on peut les visualiser comme les autres. Certes, les objets auxquels ils se réfèrent n'existent que dans le cerveau de l'homme, mais les concepts que nous manipulons, même lorsqu'ils se réfèrent à des objets existant dans notre environnement, n'existent, en tant que concepts, que dans notre cerveau ; nous avons créé tous nos concepts de la même manière que nous créons les concepts mathématiques, en réponse à un besoin.

Même des objets qui semblent par essence abstraits et inaccessibles à nos cinq sens peuvent être visualisés, pour peu que ce besoin de visualisation existe. Et pour illustrer cette thèse, je me suis lancé un défi de faire visualiser des hyperpolyèdres de l'espace à quatre dimensions. J'ai été heureux de collaborer à cette fin avec Daniel Muller, mathématicien qui a réalisé les figures à l'aide du logiciel Géospace développé par le CNAM et le CRDP de Reims.

Mais qu'est-ce au juste que la quatrième dimension ? Ces objets de dimension quatre existent-ils ? Ce n'est pas ainsi que les mathématiciens abordent cette question : peu importe qu'ils existent ou n'existent pas dans l'univers accessible à nos cinq sens, ils existent dans la mesure où nous pouvons les manipuler, les déformer… mentalement, les étudier sous différents angles, les admirer ! Géométrie, algèbre, dénombrements, tous ces outils concourent à donner à ces créatures mathématiques une réelle existence…

Je tiens à remercier tous ceux qui, par leurs conseils et encouragements, m'ont aidé à écrire ce livre, notamment Pierre Duchet et Jean Brette, qui ont relu une version non définitive du texte, Georges Lion, mon épouse Sasha Sirovec et tous mes amis qui ont manifesté leur intérêt pour ce sujet, sans lesquels je ne serais jamais arrivé à bout de ce projet, aboutissement d'une vingtaine d'années de réflexions…

Préface

MATHÉMATIQUE(S) : Science qui étudie par le moyen du raisonnement déductif, les propriétés d'êtres abstraits, (nombres, figures géométriques, fonctions, espaces…) ainsi que les relations qui s'établissent entre eux.

Probablement conscient de la sécheresse de sa définition, le «Larousse», s'empresse de préciser, (je cite), que le concept formel suprême constitue *un objet en général*. Le domaine de la mathématique se délimite aussi comme *l'extension du quelque chose, en général pensé dans la généralité la plus vide qui soit, avec toutes les formes dérivées, engendrables* a priori, *– et donc concevables dans ce champ – formes qui, dans une construction itérative toujours nouvelle, produisent des formes toujours nouvelles. Au nombre de ces dérivations, à côté des formes : ensembles et nombres (finis et infinis), on trouve les formes : combinaison, relation, suite, liaison, tout ou partie, etc.* (Fin de Citation)

Est-il nécessaire d'être devin pour comprendre que tant de potaches inquiets plient instinctivement l'échine devant une explication d'une telle aridité ?

Je connais François Lo Jacomo depuis plusieurs décennies. La passion qui anime nos discussions depuis toujours, rend sinon dérisoire du moins évidemment insuffisante, l'apparente concision du texte proposé. Que devient donc dans cette énumération, l'harmonie d'une sphère, la beauté d'une pyramide, l'esthétique d'une arabesque, la gracilité d'un flocon de neige, objets qui sont issus de la mathématique la plus pure ? Où parle-t-on de l'élégance d'une équation ou *a contrario*, de l'obscure et laborieuse mise au point d'une démonstration ? Des insolites propriétés du Nombre d'Or ? Que deviennent les plaisirs des divertissements mathématiques si chers, par exemple, à Martin Gardner, Ernest Henri Dudeney, Boris Kordiemski et bien d'autres ?

Les mathématiques sont beaucoup plus qu'une science, et je vous invite à parcourir l'avant-propos de cet ouvrage, avant de poursuivre.

François Lo Jacomo a choisi de nous parler des solides quadri- (ou tétra-) dimensionnels (polytopes d'ordre 4 pour les habitués). Là, devrait se placer tout de suite une remarque : tout objet concret possède trois dimensions, ni plus, ni moins. Tout le reste, surfaces, lignes, points, n'est qu'abstraction. Cette abstraction est néanmoins enseignée dès le plus jeune âge. Or, personne ne « verra » jamais une ligne ou un point. Au mieux s'en fera-t-il une idée par l'image d'un trait ou d'une marque ponctuelle sur un support quelconque, et en discutera longuement après les avoir rassemblés sous le vocable d'« espaces à 2 (surface), 1 (ligne) ou 0 (point) dimensions », et naviguera avec une aisance tranquille dans ces concepts impalpables. Pourtant, qu'y a-t-il de plus abstrait qu'un point : pas de longueur, pas de largeur, pas de poids, de couleur, d'odeur, c'est-à-dire rien (ou presque !) et surtout pas la marque d'une pointe de stylo sur une feuille de papier, qui a une surface puisqu'on la voit, et une épaisseur, ne serait-elle que celle de l'encre déposée. Ce n'est donc bien que le support visuel, instinctivement négligé, qui permet de raisonner sur l'immatériel de ces concepts. Dès lors, pourquoi se fait-il qu'au simple énoncé d'un « espace à 4 dimensions », les dos se courbent, les oreilles se rabattent et les regards se dirigent obstinément vers un ailleurs souhaité intellectuellement plus confortable ? Probablement parce que l'enseignement traditionnel marque une longue pause après la troisième dimension. Abordées sans rupture à la suite de cette dernière, les dimensions suivantes seraient acceptées sans plus de difficultés que les précédentes. Et on ne « verra » pas plus un hyper-solide qu'on ne « voit » un point, ce qui n'empêche évidemment pas de l'imaginer, donc de raisonner sur ses propriétés.

Avec un sens éblouissant de la pédagogie, François Lo Jacomo nous fait entrer dans le monde merveilleux des hyper-espaces. Ho, sans doute serez-vous au départ un peu déconcertés par une terminologie qui ne vous est peut-être pas familière ! Ne la craignez pas. Et souvenez-vous d'un repère fondamental : Mathématiquement énoncé, il vous rappelle que lorsqu'on projette un espace à n dimensions suivant l'une de ses dimensions, la projection est un espace à $n-1$ dimensions. Traduisons en clair : si j'interpose un fil de fer symbolisant une ligne, entre un projecteur et un écran, en plaçant ce fil de fer parallèlement à l'écran, j'obtiendrai une ombre équivalente à ce fil de fer. $1^{\text{ère}}$ conclusion : si je projette une ligne (espace à 1 dimension) suivant une direction qui ne contient pas cette dimension, j'obtiens cette même ligne c'est-à-dire un espace à 1 dimension. En revanche, si je projette ce fil de fer perpendiculairement à l'écran, j'obtiendrai un point (espace sans dimension). $2^{\text{ème}}$ conclusion : si je projette une ligne suivant sa dimension j'obtiens un espace à $1-1 = 0$ dimension, soit un point. De la même façon, si je projette un carré de carton (espace à 2 dimensions) placé parallèlement à l'écran, j'obtiens la projection du carré (espace à 2 dimensions). Si je projette ce carré sur la tranche, j'obtiens une ligne (espace à 1 dimension). Si je projette un volume, j'obtiens une surface. En résumé, si je projette une ligne, j'obtiens un point. Si je projette une surface, j'obtiens une ligne. Si je projette un volume, j'obtiens une surface. La question qui vient naturellement est celle-ci : que faut-il projeter pour obtenir un volume ? Ce qui entraîne une réponse évidente : un hyper-volume c'est-à-dire, un objet à 4 dimensions.

Vous en rencontrerez à foison dans cet ouvrage. Et si d'aventure, vous vous laissez aller à le feuilleter rapidement par curiosité, certains passages vous rempliront d'un respect voisin de l'humilité. Ne vous laissez pas décontenancer. Revenez sur vos pas, lisez et relisez, vous savez bien qu'il n'y a pas de voie royale en mathématiques : il faut en faire beaucoup pour en utiliser peu. Mais avec un brin de persévérance, et surtout si vous n'êtes pas rompu à cette gymnastique mentale, vous serez naturellement conduit à l'abandon de ces concepts dits « évidents » que sont la droite, la gauche, le haut, le bas etc.

D'ailleurs, avec une certaine malice, François Lo Jacomo, vous « met en jambes » dès l'introduction, en faisant resurgir le légendaire problème dit « des miroirs », ces curieux objets qui retournent les images de « gauche à droite » et non pas de « haut en bas ». Ne vous y trompez pas : derrière l'apparence anecdotique du constat se cache tout un pan de ces vrais ou faux repères qui sont toute une partie de notre culture. Et ce n'est pas par hasard que l'auteur y consacre une vingtaine de pages, exposant avec une remarquable impartialité les opinions se dégageant des différentes sensibilités, suivant que l'on est linguiste, physicien ou philosophe. Je lancerai pour mon compte la discussion à partir d'un exemple :

— Je suis dans un lieu public (bar, boutique..) sur l'extérieur de la vitrine duquel est apposée une inscription quelconque (réclame, tarification...)
— Étant à l'intérieur, je lis cette inscription « à l'envers », par transparence.
— Le mur du fond, parallèle à la vitrine est équipé d'un miroir.
— J'y lirai le texte « à l'endroit »

Question : Est-ce l'envers de l'envers, ou la vision simplement translatée de ce qui est derrière moi ? En d'autres termes, le miroir ne me montre-t-il pas dans le bon sens ce qui est derrière moi, mais qui m'apparaîtrait « à l'envers » puisque pour le voir je serais obligé de me retourner ?

Le miroir recèle bien d'autres subtilités, et ce n'est peut-être pas par hasard qu'on lui prête tant de vertus magiques dans les contes, légendes et traditions.

Edgard FAURE, l'une de nos plus fines lames de la politique, se plaisait à dire à qui voulait l'entendre que le seul moyen de se sortir d'une situation compliquée était de la compliquer un peu plus. Voici donc un second (et dernier !) exemple qui, bien qu'à côté du sujet, pose tout de même le problème de la perception du relief et des repères mentaux qu'on y attache.

— Je me propose de photographier en me plaçant de face, un miroir vertical (encadré), situé à une distance de, disons, deux mètres de l'appareil, et de taille telle qu'il entre largement dans le cliché.
— J'ouvre le diaphragme au maximum pour rendre aussi courte que possible, la profondeur de champ[1].
— Je règle ma distance à deux mètres et j'effectue la prise de vue.

— Le cliché montrera le miroir encadré, net, mais ma propre image reflétée, floue.

— Je double la distance de réglage (quatre mètres) et effectue une seconde prise de vue.

— Le cliché montrera le miroir encadré, flou, mais ma propre image reflétée, nette.

Au sens littéral du terme, il n'y a « rien » à quatre mètres. Et comme il apparaît difficile de soupçonner l'appareil photo de supputations métaphysiques, quelle réponse doit-on donner à ce constat ?

Vous voici désormais prêts à affronter les hyper-volumes et vous constaterez rapidement que l'étude se concentre autour des cinq solides platoniciens et leurs dérivés. Il est peut-être bon de rappeler qu'un solide est dit « platonicien » lorsqu'il n'est composé que de faces identiques qui sont des polygones réguliers. Pourquoi ne sont-ils que cinq ? La réponse est fournie par la géométrie élémentaire : un angle solide (spatial) est formé au minimum de trois sommets, soit dans notre cas, trois polygones réguliers. Considérons le plus simple d'entre eux, soit le triangle équilatéral (angle au sommet : 60°). On peut réaliser un sommet en juxtaposant 3, 4 ou 5 de ces triangles. Au-delà de 5, le total des angles étant de 360° ou plus, on ne peut pas réaliser de sommet. Nous avons donc trois façons différentes de construire un solide régulier convexe, à faces triangulaires. Ils ont pour noms : tétraèdre, octaèdre et icosaèdre. De même, 3 carrés et 3 seulement permettront de construire un angle solide, ce qui ne montre la possibilité de ne construire qu'un seul angle solide donc un seul solide régulier (le cube). Par le même raisonnement il ne peut y avoir qu'un seul angle solide formé de pentagones et par conséquent un seul solide régulier (le dodécaèdre). Il faut s'arrêter au pentagone : en effet, si on juxtapose 3 hexagones en un sommet, le total des angles est de 360°.

Cette discussion ne prouve pas que l'on peut construire 5 solides réguliers, mais elle montre clairement qu'il n'est pas possible d'en construire plus. Par des arguments un peu plus compliqués, on établit qu'il y a 6 polytopes réguliers d'ordre 4. Il est curieux que dans tout espace d'ordre supérieur, il n'y ait que 3 polytopes réguliers : ce sont les analogues du tétraèdre, du cube et de l'octaèdre.

Ce qui précède renferme peut-être une morale. Il y a une façon très réelle, pour les mathématiques, de limiter les catégories de structures pouvant exister dans la nature. Par exemple, il est impossible que, dans une autre galaxie, des

---

1. La prise de vue traditionnelle transforme un espace 3D en espace 2D. On sait que l'image n'est nette que sur un seul plan : tout ce qui est devant ou derrière est flou. C'est notre œil qui juge du caractère acceptable de ce flou, épaisseur consentie pour considérer la photographie comme satisfaisante. Cette épaisseur est appelée « profondeur de champ ». Elle est d'autant plus importante que l'ouverture du diaphragme est faible.

êtres jouent avec des dés qui soient des polyèdres réguliers convexes d'une forme inconnue de nous. Quelques théologiens ont été assez hardis pour soutenir que Dieu lui-même ne pourrait pas construire un sixième solide platonicien dans un espace à trois dimensions ! Pareillement, la géométrie impose des limites infranchissables aux variétés de combinaisons cristallines. Des physiciens pourraient même, un jour, découvrir des limites mathématiques aux nombres des particules fondamentales et des lois essentielles. Naturellement, personne n'a la moindre idée de la façon dont les mathématiques pourraient – si vraiment elles le peuvent – borner la nature des structures que l'on peut appeler « vivantes ». Par exemple, il est concevable que les propriétés du carbone soient absolument essentielles pour la vie quel que soit l'endroit du Cosmos où elle pourrait se manifester. En tout cas, tandis que l'humanité se raidit pour le choc que lui vaudra la découverte de la vie sur d'autres planètes, les solides platoniciens nous rappellent que même dans une autre galaxie, il pourrait y avoir moins de choses que n'en rêvent nos philosophes.

Laissez-vous maintenant submerger dans l'univers enchanté des hyperespaces. Avec un peu de persévérance vous aurez vite tout compris, et ce sera bien.

Parce que tout ce qui est compris, est bien.

Henri Delekta

Ingénier et architecte, Henri Delekta s'est notamment illustré dans la réalisation de cinquante-trois salles de spectacle (dont la Salle Pleyel et la Comédie des Champs-Élysées…) ainsi que par ses recherches d'un principe unitaire de construction des solides réguliers et semi-réguliers.

Le problème du miroir

Pourquoi un miroir inverse-t-il la gauche et la droite et non pas le haut et le bas ?

Commencer ainsi un ouvrage mathématique peut sembler quelque peu étrange : voilà une question posée depuis des siècles par bien des penseurs, mais pas spécifiquement des mathématiciens. Ce n'est même pas une question de physique : comment définit-on la droite et la gauche en physique ? Les philosophes sont peut-être les plus concernés. En fait, il s'agit à mes yeux d'une question essentiellement linguistique, et plus précisément sémantique. Or la construction des concepts mathématiques passe par le langage : l'élaboration des concepts de gauche et droite n'est pas très différente de l'élaboration des autres concepts que nous manipulons, et même de ceux que manipulent les mathématiciens. En reconstruisant ces concepts abstraits, bien que de la vie courante, que sont la gauche et la droite, on peut donc se faire une première idée du processus de construction d'un concept mathématique.

Et pour ce faire, je commencerai par répondre à la question incontestablement difficile « Pourquoi un miroir inverse-t-il la gauche et la droite et non pas le haut et le bas ? » en disant que d'un point de vue strictement physique, un miroir n'inverse pas la gauche et la droite puisque la gauche et la droite ne sont pas des notions physiques : il inverse les deux sens portés par la normale au plan du miroir, *et* il inverse l'orientation de l'espace.

J'ai bien dit « et », c'est intentionnellement que je n'ai pas dit « donc ». Même si, pour un mathématicien la seconde proposition n'est qu'une conséquence « évidente » de la première : le fait d'inverser la direction d'un seul des axes d'un repère inverse l'orientation de l'espace, et une symétrie par rapport à un plan transforme un objet orienté dans un sens en un objet orienté dans l'autre sens. Car cette abstraction mathématique n'a rien à voir avec notre perception du monde, et nous avons là un premier élément de solution du problème : en réalité, « les deux sens portés par la normale au plan du miroir », cela ne correspond à rien, à aucun concept de notre système cognitif, à rien que nous sachions manipuler pour forger notre vision du monde, et pas plus à l'avant et l'arrière qu'à la gauche et la droite... alors que l'orientation de l'espace, nous en faisons un usage constant : comment quelque chose qui existe pleinement pourrait-il découler de quelque chose qui n'existe pas ?

Nous avons une perception très sélective de ce qui nous entoure, certaines réalités physiques nous incitent à construire des concepts, d'autres non, et en tout état de cause il n'y aura jamais de correspondance véritable entre les réalités physiques et les concepts qu'elles évoquent. Il se peut que des spécialistes des miroirs, par exemple, éprouvent le besoin de conceptualiser les deux sens portés par la normale au plan du miroir : pour eux, le problème du miroir ne se posera pas dans les mêmes termes que pour nous, cela deviendra un problème évident car ils auront, eux, l'outil adéquat pour y répondre.

Pour nous, c'est parmi nos concepts qu'il nous faut chercher ce que le miroir inverse, et aucun ne convient véritablement. En définitive, la gauche et la droite sont moins inadéquates que le haut et le bas, ou que l'avant et l'arrière, vu que gauche et droite servent aussi à distinguer les deux orientations de l'espace, et le miroir inverse non seulement les deux sens portés par la normale au plan du miroir, mais également les deux orientations de l'espace. Qu'elle soit placée à gauche ou à droite de la chaussure droite, la chaussure gauche est toujours une chaussure gauche. Certes, encore aujourd'hui, un fabricant de chaussures peut choisir de ne pas différencier la gauche de la droite... quoi qu'il en soit, pour quiconque partage notre langue et notre culture et ne se chausse pas chez un de ces chausseurs, il ne fait aucun doute que l'image dans un miroir d'une chaussure gauche est une chaussure droite, alors que l'image d'une chaussure haute n'est pas une chaussure basse.

Mais ceci n'est qu'un élément de réponse. Ce qu'il faut voir en outre, c'est qu'il n'existe pas, dans l'absolu, de haut et de bas, d'avant et d'arrière, de gauche et de droite. Chaque sujet, chaque objet de notre univers est susceptible de définir son propre repère spatial ; certains de ces repères peuvent se décrire en termes de haut et bas, avant et arrière, gauche et droite, mais pas tous : une mouche, par exemple, a son propre repère, qui s'accomode mal de notre haut et de notre bas. Car même si l'on admet, à la rigueur, qu'elle a la tête en bas lorsqu'elle marche au plafond, quand elle grimpe au mur, où a-t-elle la tête ?

Il y a une quinzaine d'années, j'ai fait une petite enquête sur ce problème du miroir. Je montrais, par exemple, un calvaire, en demandant : « peut-on dire que la Vierge est à gauche de la croix et à la droite du Christ ? ». La croix n'a pas sa propre droite et sa propre gauche, et si quelqu'un se situe à gauche de la croix, c'est en fonction de notre repère d'observateur. Alors que le Christ, lui, a sa propre droite et sa propre gauche, qui ne sont pas les mêmes que les nôtres puisqu'il nous fait face. Mais j'ai été surpris d'entendre la réponse spontanée suivante : « cela dépend si le Christ est vivant ou s'il est mort ».

Le fait qu'un objet ou un sujet ait un haut et un bas, un avant et un arrière, une gauche et une droite, n'a rien de mathématique ni de physique,

Figure 1.1. Calvaire

Dürer, *Crucifixion*, 1489, gravure, Louvre

Peut-on dire que la Vierge est à gauche de la croix et à la droite du Christ ?

c'est quelque chose de purement culturel. En français, une scène de théâtre n'a pas de gauche et de droite, mais un côté cour et un côté jardin. Alors que, pour les comédiens polonais que j'ai interrogés, la scène a bien une gauche et une droite, celles définies par le metteur en scène.

15

Point de vue de linguiste

Tout ceci nous incite à approfondir le signifié des termes : haut, bas, avant, arrière, gauche, droite, car il s'agit bien de signes linguistiques, de constructions mentales que nous utilisons pour communiquer, et en aucun cas de réalités physiques.

Le *haut* et le *bas*, c'est la première des directions, celle qui, du fait de la pesanteur, est identique pour tous les objets et sujets de notre voisinage, celle qui définit la position normale d'un objet, et elle ne peut donc pas être inversée, même par un miroir. C'est en fonction du haut et du bas que l'on définit les autres directions, et lorsqu'une grandeur abstraite évolue sur un seul axe, c'est normalement vers le haut ou vers le bas. Les prix, par exemple, ne vont jamais ni vers la gauche ni vers la droite, ni vers l'avant ni vers l'arrière, mais seulement vers le haut ou, éventuellement, vers le bas.

L'*avant*, c'est la direction du *regard*. Mais ce n'est pas une direction au sens mathématique du terme, c'est un concept beaucoup plus riche et difficile à délimiter.

D'abord parce qu'il s'inscrit dans tout un paradigme : avant, devant, derrière, après... qui exprime, différemment suivant les langues, des relations spatiales et temporelles en plus ou moins forte corrélation. Il paraît qu'il existe une langue dans laquelle le futur est derrière nous, car on voit le passé et on ne voit pas le futur, mais, dans cette langue, il conviendrait d'approfondir le rapport entre voir et regarder.

Ensuite, parce que *devant* s'arrête là où s'arrête le regard. Vous n'allez pas dire à vos locataires qu'ils ont la mer devant eux si un immeuble de dix étages les en sépare ! Une réponse classique au problème du miroir consiste à dire que le miroir n'inverse pas la gauche et la droite, il inverse l'avant et l'arrière, que notre image regarde derrière nous, mais cette réponse ne me semble pas acceptable : notre image ne regarde pas derrière nous, elle ne regarde pas notre derrière, elle nous regarde, droit dans les yeux. C'est une nécessité vitale de différencier celui qui nous regarde de celui qui regarde derrière nous, et notre image dans un miroir nous regarde. Quand je suis devant un miroir, l'espace devant moi est en réalité l'espace compris entre moi et mon image, ce qui est derrière mon image n'est plus devant moi. Ce même espace est partagé par moi et par mon image, il est tout autant devant mon image qu'il est devant moi : est-ce cela, en définitive, que le miroir inverse ?

On pourrait imaginer toutes sortes de variations du problème des miroirs avec des miroirs au plafond, obliques, courbes, etc. mais cela ne changerait pas grand chose : l'avant et l'arrière ne sont pas les concepts appropriés pour exprimer ce que le miroir inverse, pas plus que le nord et le sud ou d'autres concepts à notre portée.

Reste la gauche et la droite. Deux concepts que nous avons créés parce que notre corps est symétrique. La gauche et la droite sont la dernière des trois dimensions, celle que l'on calcule à partir des deux autres : pour posséder une gauche et une droite, un être ou un objet (comme une voiture) doit avoir d'abord un haut et un bas, un avant et un arrière, et il doit, ensuite, être par essence symétrique... un bâtiment n'a pas sa propre gauche et sa propre droite. Si notre corps était moins symétrique, si nous avions, par exemple, un bras obligatoirement plus gros que l'autre, nous n'aurions pas le même besoin de ces concepts de gauche et de droite, nous pourrions dire : « j'ai mal au gros bras » comme on dit : « j'ai mal au gros orteil » au lieu de dire : « j'ai mal au bras droit ». Ces concepts n'existeraient peut-être pas, ou ils n'auraient pas le même sens. Mais puisqu'ils existent, qu'ils sont caractérisés par la symétrie du corps humain, et que nous n'avons pas d'autre concept pour traduire la symétrie qui nous transforme en notre image dans le miroir, pourquoi ne pas les utiliser ? De fait, si nous donnons à notre image spéculaire sa propre gauche et sa propre droite, force est de constater que la gauche de notre image est l'image de notre droite. Pour percevoir la réalité dans sont infinie diversité, nous disposons d'un stock infime de concepts, et nous faisons appel, en chaque circonstance, à ceux qui nous semblent le mieux adaptés à notre besoin ponctuel d'information même si, *a priori*, ils étaient conçus pour un autre usage. En somme, le problème du miroir : « pourquoi un miroir inverse-t-il la gauche et la droite et non pas le haut et le bas ? » équivaut à la devinette : « pourquoi utilise-t-on une pièce de monnaie pour dévisser une vis et non pas un billet de banque ? ». Face au besoin ponctuel de dévisser une vis, si l'on ne dispose de rien d'autre qu'un porte-monnaie, mieux vaut utiliser une pièce de monnaie qu'un billet de banque. Mais cela ne signifie ni qu'une pièce de monnaie sert à dévisser une vis, ni que, dans l'absolu, pièce de monnaie et billet de banque ne sont pas de valeur comparable.

Les Français sont souvent surpris en découvrant, dans des langues rare(ment enseignée)s comme le chinois, une classification des substantifs sur des critères sémantiques inattendus : en chinois, pour dire « un livre », « ce livre », on emploie un spécificatif *ben* (yi *ben* shu, zhei *ben* shu) qui n'est pas le même que pour dire « un homme », « cet homme » (yi *ge* ren, zhei *ge* ren), et le choix du spécificatif : *ben*, *ge* ... dépend de la classe à laquelle appartient le substantif. Il y a plein de critères possibles de classification sémantique des substantifs : par exemple la distinction, plus pertinente en anglais qu'en français, entre ce qui se compte et ce qui ne se compte pas (on peut acheter une pomme, voire un sucre, mais pas une eau). Et parmi eux, on peut inclure le fait de posséder ou non un haut et un bas, un avant et un arrière, une gauche et une droite. Comme tous les critères de classification, ce dernier n'a rien d'absolu ni d'universel : ma femme a eu toutes les peines du monde à me faire comprendre qu'une valise fermée possède un haut et un bas. Une feuille de papier, dès l'instant où l'on dispose d'un indice permettant de définir sa position normale, possède un haut et un bas, et je ne donne pas raison à ceux qui refusent de parler de verticales et d'horizontales en géométrie, car là où il y a haut et bas, pourquoi n'y aurait-il pas d'horizontales et de verticales ?

Mais qu'en est-il du miroir ? Ce que, d'un point de vue physique, le miroir inverse, ce n'est pas ma gauche et ma droite, ni celles de mon image. Chaque sujet, chaque objet est susceptible d'avoir son propre repère, et certains d'entre eux ont une gauche et une droite, pour peu que notre perception de l'objet ou du sujet appartienne à une classe sémantique possédant un tel repère. Mais le miroir n'inverse rien de tout cela : comme dit Umberto Eco [1]

« Le miroir ordinaire est une prothèse qui ne trompe pas. »
« Nous ne sommes pas cette personne virtuelle qui se tient dans le miroir.
Il suffit de ne pas "entrer" dans le miroir pour ne pas souffrir de cette illusion. Et nous savons fort bien éviter cette illusion puisque nous réussissons tous, le matin, dans notre salle de bains, à utiliser le miroir pour nous coiffer sans nous comporter comme des handicapés moteurs.»

À vrai dire, sans miroir, nous ne verrions pas nos cheveux, et l'image de nos cheveux dans un miroir ne peut pas être inversée puisque nous ne connaissons pas d'autre image de nos cheveux. Il n'en va pas de même de nos ongles : essayez d'utiliser un miroir pour vous couper les ongles !

Rien ne nous oblige, en effet, à considérer notre image comme ayant sa propre gauche et sa propre droite, et le problème du miroir ne se pose que si l'on décide d'attribuer effectivement à notre image sa propre gauche et sa propre droite. Mais le miroir lui-même n'y est pour rien, et ce que le miroir inverse, ce sont les deux sens portés par la normale au plan du miroir, donc une direction d'un tout autre repère, celui *lié au miroir*. Or notre concept de miroir n'appartient pas à une classe sémantique possédant un haut et un bas, un avant et un arrière, une gauche et une droite. Rien de pertinent ne justifie que, dans le cas le plus général, un miroir ait une position normale, donc un haut et un bas. Le miroir ne regarde pas, rien ne justifie non plus qu'il ait un avant et un arrière, et il est beaucoup trop symétrique pour posséder une gauche et une droite. Le miroir n'a pas, dans notre système cognitif, de repère associé, car nous n'en avons aucun besoin : un concept n'existe que si l'on s'en sert. Donc ce que, physiquement, le miroir inverse, c'est une direction d'un repère qui n'existe pas : comment exprimer, avec nos concepts, que le miroir inverse quelque chose qui n'existe pas ?

Point de vue de physicien

Le problème du miroir est un problème très classique, mais les quelques approches que j'en connais n'abordent pas cet aspect purement sémantique de la question. Martin Gardner, dans son livre *L'Univers ambidextre*[2], met

---

1. Umberto Eco, *Kant et l'ornithorynque* (1997 – traduction française chez Grasset, Paris 1997), p. 376 et 373.
2. Martin Gardner, *L'Univers ambidextre* (1964 – traduction française aux Éditions du Seuil, Paris 1985). Illustrations (miroirs angulaires p. 16 et 18).

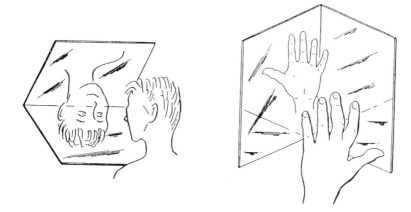

Figure 1.2. Miroirs angulaires
Les miroirs angulaires inversent-ils la gauche et la droite ?

l'accent sur la symétrie qui fait, par exemple, que certains mots écrits en majuscules sont identiques à leur symétrique dans un miroir alors que d'autres ne le sont pas. Certes, ce qu'il dit me semble juste, mais d'une part il se sent démuni devant la dimension sémantique du problème, d'autre part, il envisage la question, lui aussi, à travers un unique repère tridimensionnel de l'espace, alors que ce qui pose problème, c'est la multiplicité des repères concurrents : non seulement l'observateur et son image ont chacun leur repère, mais le miroir lui-même a son repère, chacune des mouches sur le miroir et chacune de leurs images a son propre repère... certains de ces repères ont une existence dans notre système cognitif, certains possèdent un haut et un bas, certains ont un avant et un arrière, certains une gauche et une droite, d'autres n'ont même pas cette existence, ils n'ont ni haut ni bas, ni avant ni arrière, ni gauche ni droite, et ce, pour des raisons exclusivement culturelles et nullement mathématiques ou physiques.

Parmi les exemples classiques cités, entre autres, par Martin Gardner mentionnons celui de deux miroirs orthogonaux, quand on observe l'arête du dièdre qu'ils forment. Nous avons là, mathématiquement, deux symétries planes dont la composée est une symétrie axiale par rapport à l'arête du dièdre. Une symétrie axiale n'inverse pas l'orientation de l'espace, et la droite de notre image est l'image de notre droite. Mais ceci n'a rien d'avantageux, et c'est à rapprocher de la situation mentionnée par Umberto Eco[3] :

---

3. Umberto Eco, *Kant et l'ornithorynque*, p. 381–382.

> *« Imaginons qu'une caméra en circuit fermé soit placée dans l'espace dans lequel nous vivons et que ce qu'elle filme soit transmis sur un écran également placé dans cet espace. Nous aurions des expériences de type spéculaire, au sens où nous pourrions nous voir de face ou de dos (comme lorsque nous nous trouvons entre deux miroirs parallèles), et nous verrions sur l'écran ce que nous sommes en train de faire au même instant. Quelle serait la différence ? Nous n'aurions pas l'expérience que nous permet de faire un simple miroir : nous verrions l'équivalent d'une troisième image produite par des miroirs angulaires, une image que nous aurions bien des difficultés à utiliser pour nous coiffer, nous raser ou nous maquiller. »*

Comment décrire cette transformation produite par deux miroirs angulaires, correspondant mathématiquement à une symétrie axiale ? En utilisant nos concepts. Or qu'avons-nous dans notre système cognitif comme symétries axiales ? Les demi-tours autour d'un axe vertical, qui n'inversent ni la gauche et la droite, ni le haut et le bas, et les basculements autour d'une barre fixe horizontale qui, eux, nous amènent la tête en bas, en cochon pendu. Lorsque l'axe du dièdre est vertical, nous y verrons donc un demi-tour, et lorsqu'il est horizontal, un basculement inversant le haut et le bas. Encore que le fait qu'un basculement inverse le haut et le bas soit discutable : incontestablement, il nous place la tête en bas, mais nous n'attribuons pas nécessairement à la personne qui fait le cochon pendu son propre repère avec son haut et son bas qui seraient différents des nôtres. Si vous faites le cochon pendu et qu'on vous demande de baisser les bras, que devez-vous faire ? Quoi qu'il en soit, hormis les concepts de demi-tour et de basculement, nous ne disposons guère de concepts de rotation spatiale dans notre vie de tous les jours : nous n'avons pas, notamment, de concept pour la symétrie par rapport à un axe incliné, et si nous inclinons de 45° l'arête du dièdre, nous serons bien en peine pour dire si les miroirs ainsi positionnés inversent la gauche et la droite ou le haut et le bas : aucune des tentatives pour construire, à partir de cette expérience, un de nos concepts, n'aboutira.

Mais si Martin Gardner aborde le problème du miroir, c'est essentiellement pour introduire un problème physique autrement plus complexe : la non conservation de la parité, en physique quantique, qui, entre autres, a valu un prix Nobel (en 1957) aux jeunes physiciens chinois Tsung Dao Lee et Chen Ning Yang (l'ouvrage de Martin Gardner date de 1964). L'une des conséquences de cette importante découverte est que, contrairement à ce que tous les physiciens croyaient jusqu'alors, certaines expériences physiques privilégient l'une des orientations de l'espace et que, de ce fait, la distinction entre droite et gauche n'est pas purement subjective, on peut théoriquement définir la droite et la gauche en physique. Sans entrer dans ces considérations physiques, la question que je me suis posée est : pourquoi tous les physiciens considéraient-ils cette possibilité, aujourd'hui vérifiée, comme impensable ?

Nous élaborons notre vision du monde en fonction des besoins que nous en avons. Pendant très longtemps, l'idée que la Terre était plate et infinie satisfaisait nos besoins, et c'est la surface de la terre ou de la mer qui nous a suggéré l'idée de plan. Aujourd'hui, nous faisons le tour du monde, mais nous ne faisons pas encore le tour de l'univers, et l'idée que l'univers puisse être un espace euclidien infini satisfait encore la plupart de nos besoins, jusqu'à ce qu'une découverte la rende inopérante. Mais si l'on admet que l'univers est fini, donc courbe, cette courbure de l'univers suffit à rendre concevable que certaines expériences privilégient une orientation de l'espace par rapport à l'autre. Car orienter l'espace, cela revient à orienter la normale à cet espace tridimensionnel, et il y a deux manières d'orienter la normale à un espace courbe : vers le centre de courbure ou vers l'extérieur ; ces deux manières n'ont rien d'équivalent et il n'est pas étonnant que certaines expériences privilégient l'une par rapport à l'autre.

Si l'on se limite à un espace bidimensionnel, comment caractérisons-nous un sens de rotation, dans le plan ? On utilise, par exemple, le sens des aiguilles d'une montre. Nous choisissons un sens que nous avons nous-même fabriqué, car c'est pour construire nos montres que nous avons eu besoin de ce sens de référence, et non pas pour contempler l'univers qui aurait pu nous fournir, lui aussi, d'autres sens de référence. Ce concept de sens de référence (tout comme les concepts de gauche et de droite) n'existe que dès l'instant où nous en éprouvons le besoin, et ce besoin est conditionné par notre activité humaine. Observons les tourbillons qui se forment lorsqu'on vide une baignoire ou un lavabo : dans quel sens tournent-ils ? Voilà une expérience de tous les jours qui privilégie un sens de rotation, tout comme les expériences prouvant la non conservation de la parité privilégient une orientation de l'espace. Et cette information que nous pourrions percevoir par la simple observation du monde ambiant, dans notre vie quotidienne, pourrait nous fournir un sens de référence, mais peu d'entre nous la perçoivent.

En fait, le monde ne nous envoie pas d'information, c'est nous qui allons cueillir cette information dans la mesure où l'on peut en faire quelque chose. Or le sens d'un tourbillon (tout comme, d'ailleurs, les deux sens portés par la normale au plan d'un miroir), on n'en a rien à faire : pourquoi s'encombrer de tels concepts ? Alors que la droite, la gauche, les aiguilles d'une montre... cela conditionne notre vie !

En 1969, deux linguistes américains, B. Berlin et P. Kay, ont publié un livre, *Basic color terms : their universality and evolution*, qui a beaucoup irrité les africanistes dans la mesure où, d'une certaine manière, il hiérarchisait les langues du monde depuis les grandes langues comme l'anglais jusqu'aux langues primitives, disposant de très peu de termes de couleurs. Ces deux linguistes avaient fait une enquête pour voir comment les locuteurs des différentes langues découpaient l'arc-en-ciel en différentes couleurs. Ils leur demandaient d'une part de tracer la frontière entre les différentes couleurs, d'autre part de situer le point le plus représentatif de ladite couleur. Or autant les frontières sont variables d'une langue à l'autre (en gallois, l'herbe est bleue : *glas*, et non verte : *gwyrdd*), et imprécises pour les locuteurs d'une même langue, autant les centres des couleurs, eux, sont concordants, quel que soit le nombre de termes de couleurs qu'utilise la langue. En outre, ces termes de couleurs semblent obéir à une hiérarchie universelle : si une langue n'utilise que trois termes, ce ne peut être que le noir, le blanc et le rouge, et c'est le même rouge que dans les langues utilisant une dizaine de termes. Si une langue utilise cinq termes, ce sont : noir, blanc, rouge, jaune et vert. La sixième couleur, c'est le bleu. Ainsi, le zoulou n'a pas de terme spécifique pour le bleu, qui est appelé « vert ciel ».

La question que je me suis posée, c'est : pourquoi le bleu vient-il après le vert ? Le ciel est bleu dans tous les pays, ou presque. Mais le bleu est une couleur beaucoup plus difficile à fabriquer que le vert, et ce n'est pas pour contempler le ciel que nous avons besoin d'un terme bleu, c'est pour peindre des objets en bleu. Nous disposons de beaucoup moins de termes spécifiques pour désigner les odeurs que pour désigner les couleurs, simplement parce que nous ne faisons pas le même usage des odeurs que des couleurs. Pour prendre un exemple cité par André Martinet, nous n'avons pas de terme spécifique pour désigner l'odeur de la banane, alors que nous avons un terme pour la couleur du ciel : si nous pouvions enduire nos murs d'odeur de banane, nous aurions un terme spécifique pour désigner cette odeur. C'est notre activité humaine qui conditionne les concepts que nous fabriquons (et les mots que nous leur associons), à travers lesquels s'organise notre perception du monde.

Point de vue de philosophe

Pour en revenir au problème du miroir, Emmanuel Kant (1724–1804), un des plus grands philosophes de tous les temps, a été, paraît-il, l'un des premiers à étudier le problème du miroir, dans le cadre plus général de notre perception de l'espace. L'idée essentielle de Kant, c'est que les objets en eux-mêmes nous sont inaccessibles : ce que nous percevons, ce que notre entendement peut manipuler, ce ne sont que des *phénomènes*, traductions en concepts de ces objets en soi à travers notre intuition sensible. Or, pour Kant, l'espace n'est pas une réalité en soi, c'est une composante de notre intuition sensible. Lorsque deux objets de même forme sont symétriques l'un de l'autre, donc non superposables – on les dirait aujourd'hui « énantio-morphes » — aucun attribut conceptuel ne les distingue.

> *« Que peut-il y avoir de plus semblable et de plus égal en tous points à ma main ou à mon oreille que leur image dans le miroir ?* écrit Kant[4].

---

4. Emmanuel KANT, *Prolégomènes à toute métaphysique future* (1783 – traduction française chez J. Vrin, Paris 1996), p. 49–50.

Et pourtant je ne puis substituer une main vue dans le miroir à son modèle ; car si c'est une main droite, dans le miroir c'est une main gauche et l'image de l'oreille droite est une oreille gauche qui ne peut en aucune façon se substituer à la première. Or il n'y a pas ici de différences internes qu'un entendement pourrait, à lui seul, penser ; et pourtant, autant que les sens l'enseignent, les différences sont intrinsèques, car on peut bien trouver égalité et similitude entre main gauche et main droite, il n'en reste pas moins que l'on ne peut pas les enclore dans les mêmes limites (elles ne sont pas congruentes) : on ne peut pas mettre le gant d'une main à l'autre main. Or quelle est la solution ? Ces objets ne sont en rien les représentations des choses telles qu'elles sont en elles-mêmes, et telles que le seul entendement les connaîtrait ; ce sont des intuitions sensibles, c'est-à-dire des apparitions dont la possibilité repose sur la relation entre certaines choses, en elles-mêmes inconnues, et quelque chose d'autre : notre sensibilité. Or l'espace est la forme de l'intuition externe de cette sensibilité, et la détermination interne de tout espace n'est possible que grâce à la détermination du rapport externe à tout l'espace, dont le pre-mier est une partie (rapport au sens externe), autrement dit : la partie n'est possible que par le tout ; ce cas n'est jamais celui des choses en elles-mêmes en tant qu'objets du seul entendement, c'est celui de simples phénomènes. De là vient également qu'aucun concept n'est à lui seul capable de nous permettre de rendre concevable la différence entre deux choses qui tout en étant semblables et égales n'en sont pas moins incon-gruentes (par exemple des escargots dont l'enroulement est inverse), nous ne pouvons le faire qu'en recourant au rapport à la main droite et à la main gauche, rapport qui est du ressort immédiat de l'intuition.»

Les interprétations de Kant sont nombreuses, et un certain nombre de philosophes contemporains le critiquent. « *Dans la mesure où ‹ droit comme distinct de gauche › est une description sensée, pourquoi Kant refuse-t-il que cette distinction corresponde à un concept ?* » demande, par exemple, Jonathan Bennett[5]. Là encore, ce que nous percevons de l'objet, ce n'est pas l'objet lui-même qui nous l'apporte. Notre intuition sensible soumet la réalité à une épreuve, elle en extrait un phénomène, et ce que notre entendement capte, ce n'est pas l'objet en soi mais le phénomène ; c'est le résultat de cette épreuve que notre entendement peut analyser. Pour dire si une main est gauche ou droite, on doit tenter de la superposer à une autre main servant de référence : que celle-ci soit physiquement présente ou présente seulement dans notre esprit, la manipulation mentale que l'on doit faire pour dire si une main est gauche ou droite est la même, l'objet à lui seul ne contient pas la réponse, c'est dans notre intuition sensible qu'il faut rechercher cette distinction.

---

5. Jonathan BENNETT, The difference between Right end Left, *in* : *American Philosophical Quartely*, vol. 7 (1970), p. 178.

Prenons l'exemple, que cite Kant lui-même, des triangles sphériques ayant leurs côtés égaux, mais non superposables car symétriques l'un de l'autre (énantiomorphes). On peut, effectivement, classifier les triangles sphériques non isocèles en deux classes disjointes telles que le symétrique d'un triangle d'une classe appartienne à l'autre classe, par exemple de la manière suivante : appelons A, B, C leurs trois sommets, de sorte que $AB < BC < CA$. À ce triangle sphérique, on associe le triangle plan ABC et le produit vectoriel $\overrightarrow{AB} \wedge \overrightarrow{BC}$, vecteur que l'on sait calculer mathématiquement : il est perpendiculaire au plan du triangle, et peut être orienté soit vers l'intérieur de la sphère, soit vers l'extérieur, suivant l'orientation du triangle ABC. Nous avons là le critère de classification recherché, certes, mais à laquelle de ces deux classes donnera-t-on le nom « gauche », à laquelle donnera-t-on le nom « droite » ? Cette classification, même si elle existe mathématiquement, ne correspond à rien dans notre système cognitif. Or les concepts de gauche et droite n'existent pas dans la réalité en soi, pas plus que le critère de classification ci-dessus, ils sont produits par notre intuition sensible en fonction de nos besoins effectifs.

J'ai toujours été un grand admirateur de Kant, et ce point de vue kantien peut éclairer d'un autre jour le débat entre Jean-Pierre Changeux et Alain Connes en 1989[6] sur la réalité des objets mathématiques : dans la mesure où l'objet en soi, quel qu'il soit, est inaccessible à notre entendement, sur quoi se base-t-on pour dire que certains objets sont plus réels que d'autres ? Pour ce qui est du miroir, bien d'autres philosophes ont étudié ce problème, en faisant appel à toutes sortes de situations extraordinaires : N. J. Block[7] creuse un trou jusqu'au centre de la Terre pour placer un miroir au fond du trou, Don Locke[8] fabrique des individus, les Janus, dont le corps admet un plan de symétrie avant/arrière et non droite/gauche, Lawrence Sklar[9] déplace des choses localement énantiomorphes dans un espace tridimensionnel globalement non orientable et de courbure constante.

Mais faut-il vraiment creuser si profondément un problème, somme toute, de tous les jours ? Toutes ces interrogations n'ont guère de sens pour le commun des mortels, à supposer qu'elles en aient pour les puisatiers, les latinistes ou la famille Addams, et elles nous détournent de questions essentielles : Kant portait-il des chaussures énantiomorphes ? Car enfin, c'est en grande partie pour ne pas mettre la chaussure droite au pied gauche ni la chaussure gauche au pied droit que nos enfants doivent, dès l'âge de quatre ans, se forger des

---

6. Jean-Pierre CHANGEUX, Alain CONNES, *Matière à pensée*, Odile Jacob, Paris, 1989.
7. N. BLOCK, Why do mirrors reverse Right / Left but not up / down ? *in : The Journal of philosophy*, vol. LXXI, n° 9, mai 1974, exemple p. 268.
8. Don LOCKE, Through the Looking Glass, *in : The philosophical Review*, vol. LXXXVI, n° 1, janvier 1977, exemple p. 13.
9. Lawrence SKLAR, Incongruous counterparts, intrinsic features and the substantiviality of space, *in : The Journal of Philosophy*, vol. LXXI, n° 9, mai 1974, exemple p. 279.

concepts de droite et de gauche. Sans cette contrainte culturelle, ils acquer-raient quand même, vraisemblablement, cette distinction, mais dans d'autres circonstances, peut-être à un autre âge, ce ne serait plus tout à fait les mêmes concepts car ils s'intégreraient différemment dans leur bagage cognitif en fonction de la place disponible. Point n'est besoin d'imaginer des petits bons-hommes sphériques sans bras ni jambes et sans queue ni tête pour se rendre compte que les concepts de droite et de gauche n'ont rien d'universel : pour un gaucher qui voit autour de lui une majorité de droitiers faire avec la main droite ce que lui fait avec la main gauche, le problème du miroir ne se pose vraisemblablement pas dans les mêmes termes que pour un droitier.

Point de vue cognitif

Pour conclure, je voudrais faire appel à une illusion connue depuis plus de vingt ans des spécialistes des sciences cognitives sous le nom : illusion de Margaret Thatcher[10]. Regardez les deux portraits ci-dessous, comparez-les, un certain temps. Puis retournez la feuille pour les voir « la tête en haut » : que remarquez-vous ?

Figure 1.3. Illusion M. Thatcher

Observez bien ces deux portraits, puis retournez le livre pour les voir à l'endroit. Vous semblent-ils plus différents à l'endroit qu'à l'envers ? Prenez un miroir. Placez-le dans chacune des positions ABC et regardez ces portraits dans le miroir. Vous semblent-ils plus différents dans le miroir ? Le miroir inverse-t-il la gauche et la droite ou le haut et le bas ?

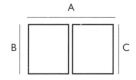

10. P. Thompson, Margaret Thatcher : a new illusion, in : *Perception* 9 (1980), p. 483–484 – repris dans : Guy Tiberghien, Perception et mémoire des visages, in : *Intellectica* 5 (1988/1), p. 105.

Une fois encore, l'information n'est pas un projectile que l'on reçoit pour la traiter ensuite : l'information, c'est une nourriture. Elle n'existe que dans la mesure où on va la chercher. Et pour économiser notre énergie intellectuelle, pour ne pas avoir la tête qui explose, on ne va chercher que ce dont on a réellement besoin. Comment fait-on, pris à égale distance entre deux conversations, pour n'en écouter qu'une ? Un magnétophone ne sait pas faire ! Comment fait-on pour lire dans les schémas ci-dessous :

> la main
> dans la
> la poche

> le verre
> dans la
> la main

> le vin
> dans le
> le verre

« la main dans la poche », « le verre dans la main », « le vin dans le verre » ? Il faut lire et relire avant de se rendre compte que, dans chaque dessin, un des articles est écrit une fois de trop…

Pour en revenir à l'illusion de Margaret Thatcher, nous ne regardons pas de la même manière un visage orienté vers le bas que le même visage orienté vers le haut : si vous croisez votre directeur la tête en bas, en train de marcher au plafond, vous ne vous poserez pas les mêmes questions que quand vous le voyez dans l'autre sens, la tête en l'air. Nous n'interrogeons pas de la même manière ces deux portraits de Margaret Thatcher dans les deux cas : quand on les voit à l'envers, on fabrique une information superficielle et peu différente d'un portrait à l'autre, quand on les voit à l'endroit, automatiquement on regarde mieux et l'information, beaucoup plus riche, permet de mieux apprécier les différences. C'est pour cette même raison qu'on perçoit différemment une figure géométrique suivant qu'elle représente un triangle pointe en haut ou pointe en bas.

Mais cela ne dure pas éternellement ! Avec un peu d'effort, notre entendement peut apprendre à s'adapter à une situation nouvelle, nous finirons par nous habituer à ces deux portraits et par y voir quasiment les mêmes différences, qu'ils soient orientés vers le haut ou vers le bas. Tout comme, avec un peu d'expérience, nous parvenons à lire un texte même si la feuille est à l'envers : l'effort sera plus grand, certes, nous devrons déclencher davantage de gestes cognitifs pour que suffisamment d'entre eux aboutissent, mais nous parviendrons tant bien que mal à attraper tous les indices dont nous avons besoin pour construire l'information cherchée. Les portraits eux-mêmes n'auront pas changé, c'est notre manière de les interroger qui aura changé, notre manière d'en extraire des indices pour construire de l'information.

Alors, n'attendons pas d'en arriver là pour nous précipiter avec nos deux portraits devant un miroir : regardons leur image dans le miroir, en faisant pivoter le livre dans tous les sens sur un plan perpendiculaire au miroir, et en nous demandant à tout instant : le miroir échange-t-il la gauche et la droite ou le haut et le bas ? Nous découvrirons que, dans ce cas précis, le problème ne se pose pas en ces termes. Ce qui est échangé, ce sont les deux sens portés par la normale au plan du miroir, qui ne sont ni notre gauche ni notre droite, ni celles des portraits que nous regardons, mais une direction effectivement attachée au miroir et indépendante de notre repère d'observateur, de celui de notre image, de celui du livre, ou de celui des mouches sur le miroir…

Une fois de plus, un peu d'accoutumance peut nous aider à conceptualiser cette nouvelle direction, et si nous insistons nous ferons peut-être entrer dans notre système cognitif ce repère lié au miroir, sans lequel on ne peut pas répondre au problème du miroir de manière satisfaisante pour un féru de sciences exactes. Peut-être un jour éprouverons-nous le besoin de parler de ce nouveau repère, peut-être lui associera-t-on des mots, mais ce ne sera vraisemblablement ni haut, ni bas, ni avant, ni arrière, ni gauche, ni droite !

Les concepts mathématiques

Et c'est ainsi que les mathématiciens fabriquent leurs concepts : une question fait naître un besoin, et ce besoin engendre un concept, qui lui-même peut susciter d'autres questions et engendrer d'autres concepts. Si nous nous posons le problème du miroir, les concepts que nous manipulons quotidiennement ne nous permettent pas de construire la solution. La gauche et la droite ne sont pas adéquats pour exprimer ce que le miroir inverse, mais nous n'avons rien de meilleur. Alors, nous approfondissons, nous tournons dans tous les sens l'illusion Margaret Thatcher devant un miroir, que celui-ci soit au plafond, courbe ou au fond d'un puits, peu importe, nous finirons bien par créer ce nouveau concept qui nous manquait : les deux sens portés par la normale au plan du miroir.

Tous nos concepts ont été forgés ainsi, et c'est ainsi que nous créons également nos concepts mathématiques. Je ne pense pas que ceux-ci soient universels au sens où les extra-terrestres ne pourraient pas avoir d'autre mathématique que la nôtre : des extra-terrestres intelligents mais aveugles n'auraient pas le même besoin que nous de géométrie. Les lois qui régissent l'univers ne sont nullement de nature mathématique : même si notre mathématique nous en fournit des approximations toujours meilleures, rien ne nous prouve qu'une autre mathématique n'en fournirait pas d'autres approximations différentes mais tout aussi bonnes.

Le fait que les mathématiciens aient la sensation de découvrir les propriétés d'une réalité préexistante ne prouve pas que cette réalité préexiste effectivement : bien des constructions humaines contiennent plus que ce que nous y avons explicitement placé. Par exemple, la langage humain : si nous avions d'autres besoins et d'autres possibilités de communication, nous n'aurions pas le même langage, et notre faculté de langage n'est donc nullement une réalité universelle ; toutefois, nous sommes loin d'avoir découvert toutes les propriétés de cette construction éminemment humaine qu'est le langage. De même, nous créons des concepts mathématiques riches de plein de propriétés que nous ne découvrons que progressivement, mais ces concepts et ces propriétés n'existeraient pas dans une autre mathématique qui se serait construite sur des besoins différents.

En fait, de cet univers que nous avons en commun avec les éventuels extra-terrestres, seule une infime partie suffit à engendrer l'intégralité de notre système cognitif : peut-être que nos extra-terrestres utilisent une toute autre partie pour construire un système cognitif très différent. S'ils se déplacent comme des mouches, ils n'ont pas de concept de haut et de bas. Cela n'est donc pas spécifique aux concepts mathématiques, de sorte que si l'on croit à l'universalité et à la préexistence de nos concepts de tous les jours, on n'a aucune raison de ne pas croire également à l'universalité et à la préexistence de nos concepts mathématiques, dans la mesure où le processus de construction des concepts est identique.

Mais je voudrais attirer l'attention sur un point important. Un des lecteurs de mon texte sur le problème du miroir demande : « pourquoi un élève aurait-il du mal à concevoir le concept de normale au plan du miroir ? ». Pour certains, dès l'instant où l'on peut exprimer un concept sous forme d'une suite de mots, par exemple une définition, ce concept existe pour tous ceux qui sont capables de répéter cette suite de mots. À supposer qu'un élève (ou un adulte) parvienne à répéter facilement « les deux sens portés par la normale au plan du miroir », cela ne suffira pas à créer chez lui le concept correspondant. Le créer en tant que concept véritablement autonome et totalement dissocié de nos autres concepts « avant », « arrière », « gauche », « droite », « haut », « bas », « nord », « sud », etc., nécessite une élaboration approfondie que nous ne faisons habituellement pas car cela ne nous apporte rien. Il faut créer d'une part le besoin d'un tel concept, d'autre part une image mentale suffisamment riche et suffisamment connectée à d'autres images mentales suscitant l'utilisation de ce concept. Car un concept n'existe que si l'on fait appel à lui, et le fait qu'on soit capable de répéter une définition ne prouve nullement que, le moment venu, on parviendra à faire appel, à bon escient, audit concept.

Le quatrième exercice des premières Olympiades académiques de mathématiques[11], consistait à faire tourner un cube autour d'une grande diagonale.

---

11. *Les Olympiades académiques de mathématiques 2001*, brochure A.P.M.E.P. n° 142, p. 35–42.

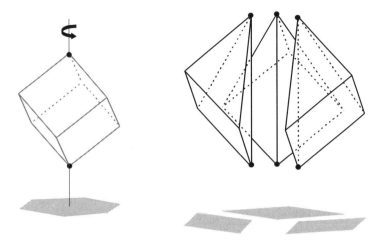

Figure 1.4. Cube tournant autour de sa grande diagonale

Si l'on savait faire tourner un cube autour d'une grande diagonale, on saurait partager un cube en trois pyramides égales.

Cet exercice était particulièrement difficile, tout d'abord car il faisait intervenir des concepts que nous ne possédons habituellement pas. En pratique, nous utilisons deux concepts distincts de rotation axiale, la rotation autour d'un axe vertical et le basculement autour d'un axe horizontal, mais nous n'avons pas de concept de rotasculement autour d'un axe penché. Pour mieux voir le problème, on pouvait donc dessiner un cube avec une grande diagonale verticale, mais nous ne savons pas dessiner un cube avec une grande diagonale verticale, notre vision du cube ne va pas jusque là. Sinon, le fameux problème : comment partager un cube en trois pyramides égales ? nous semblerait évident.

Les concepts que nous manipulons sont extrêmement lacunaires, ils n'existent qu'en fonction des besoins que nous en avons, et pour répondre à de nouveaux besoins il faut enrichir nos concepts ou en créer de nouveaux. Mais il n'y a pas de différence fondamentale entre l'élaboration d'un concept mathématique et l'élaboration d'un concept non mathématique.

Prenons le concept de « dimension ». « Qu'est-ce que la quatrième dimension ? » demande-t-on souvent. Cette question est manifestement mal posée : tout dépend du besoin qu'on en a. Dans notre vie de tous les jours, c'est le besoin de se déplacer qui engendre le concept de dimension. Si nous ne pouvons qu'avancer ou reculer, nous nous déplaçons dans une seule dimension. Si nous pouvons en outre tourner, nous sommes sur un plan en dimension 2.

Monter et descendre nous déplace dans une troisième dimension. Avons-nous un autre choix possible ? Non ! Si c'est cette possibilité de se déplacer qui engendre notre concept de dimension, il n'existe pas de quatrième dimension, nous ne pouvons pas, du moins pour l'instant, sortir de notre univers tridimensionnel.

D'ailleurs, comme l'analyse très bien Martin Gardner, il existe des formes à deux dimensions qui sont non superposables si on se contente de les déplacer dans le plan, car elles sont orientées différemment, mais qui deviennent superposables par déplacement (retournement) dans la troisième dimension. De même, les objets énantiomorphes (un objet non symétrique et son image dans un miroir), non superposables si on ne peut que les déplacer dans l'espace de dimension 3, deviendraient superposables si on pouvait les retourner dans un espace de dimension 4. Mais il existerait, dans cet espace, des objets tétradimensionnels qu'on ne pourrait pas superposer à moins de faire appel à une cinquième dimension. Si bien que nos concepts actuels de gauche et de droite n'existeraient pas si nous pouvions concevoir un déplacement dans un espace de dimension 4, il nous faudrait d'autres concepts.

Maintenant, pour mesurer notre déplacement, nous allons faire appel à des outils mathématiques : les nombres. En identifiant les points d'une droite à des nombres réels, on crée un nouveau concept de droite et un nouveau concept de dimension. La position d'un point peut être décrite par des nombres réels : si un seul nombre suffit, nous sommes en dimension 1, si l'on a besoin de deux ou trois nombres, nous sommes en dimension 2 ou 3. Cette notion peut facilement se généraliser : si l'on a besoin de quatre nombres réels pour caractériser un point, ces quatre nombres réels définissent la position du point dans un espace de dimension 4. Le besoin n'est plus de déplacer matériellement ce point, mais de trouver une relation entre ces nombres réels, par exemple d'étudier s'ils sont indépendants ou liés par une loi physique.

Ce concept physique de dimension est différent du concept intuitif, notamment on perd les notions d'angle et de distance. Mais rien n'empêche de créer encore un autre concept de dimension, un concept géométrique où l'on retrouve les angles et les distances. Certes, on ne pourra pas se déplacer physiquement dans cette quatrième dimension, mais on pourra la visualiser, tout comme on visualise les autres objets géométriques. Et c'est le défi que je me propose de relever dans le présent ouvrage : montrer que des objets mathématiques de dimension 4 peuvent être visualisés, que même pour ces concepts qui ne se réfèrent à rien du monde matériel qui nous entoure, une image visuelle permet de mieux en faire le tour et en dégager les propriétés.

En réalité, je ne vous propose pas seulement d'étudier ces objets mathématiques, mais de les admirer... de contempler un beau concept mathématique, un hypercube... que dis-je, un hypercube ! un hypericosaèdre...

L'hypercube

Carré, cube, hypercube… c'est un jeu classique pour les mathématiciens de prolonger tout ce qui est prolongeable, de généraliser tout ce qui est généralisable : que voyons-nous dans un carré ? Deux côtés horizontaux reliés par deux côtés verticaux. Dans un cube ? Deux carrés horizontaux reliés par des arêtes verticales. Qu'est-ce qui nous empêche de créer un hypercube, en tant que deux cubes « horizontaux » reliés par des arêtes « verticales » ?

Ce n'est pas *l'objet* hypercube que je vais essayer de faire apparaître prestidigitatoirement. C'est le *concept*, cette construction mentale que nous projetons sur ce que nous voyons pour pouvoir le manipuler mentalement. L'espace où nous nous déplaçons est de dimension 3, nous n'y verrons donc pas des hypercubes. Mais rien ne nous empêche de manipuler mentalement, donc de visualiser intellectuellement le concept d'hypercube. C'est cela, la beauté des mathématiques : manipuler des concepts qui ont tout autant d'existence que ceux de la vie courante, mais qui ne sont pas nés de notre seule perception du monde.

Commençons par analyser la construction du cube, de dimension 3. Au verso (figures 2.1), la figure du haut (a) représente à gauche un segment, avec deux sommets (dimension 1), à droite un carré, avec quatre sommets (dimension 2). Au-dessous (b), on peut également voir un segment et un carré, mais dans un plan horizontal. On peut, car en réalité la figure n'est pas dans un plan horizontal, mais on peut construire à partir de cette seconde figure les mêmes concepts qu'à partir d'un segment et d'un carré vus dans un plan horizontal. Cela permet de voir, sur la figure c, deux plans horizontaux, avec un segment et un carré sur chacun d'eux, et des arêtes verticales reliant les sommets du plan supérieur aux sommets homologues du plan inférieur, donc en définitive (figure d), un carré et un cube.

Mais une fois encore, cette figure d n'est pas plus tridimensionnelle que les autres, nous avons l'impression de voir un cube de dimension 3 car cela correspond à notre concept de cube, l'image est presque la même que lorsque nous voyons un véritable cube, mais il s'agit en fait d'un dessin sur une feuille

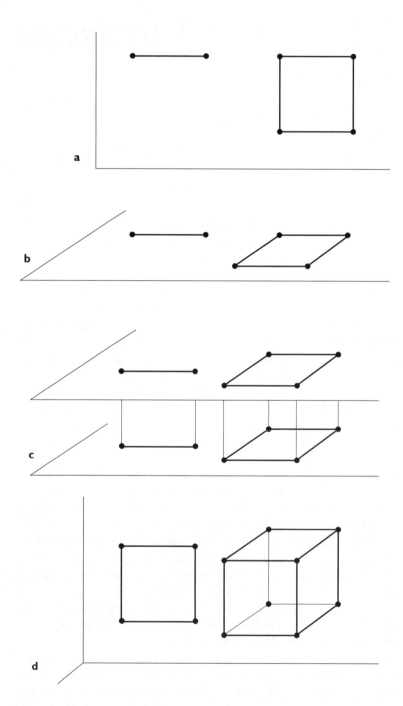

FIGURES 2.1. CONSTRUCTION DU CARRÉ ET DU CUBE

Construisons un carré et un cube…

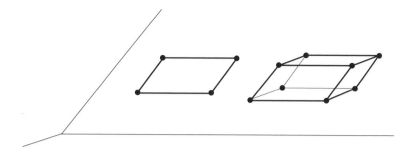

FIGURE 2.2. HYPERPLAN HORIZONTAL

… et basculons-les dans un hyperplan horizontal

de papier plane. Et cette feuille de papier plane, rien ne nous empêche de l'imaginer horizontale : nous obtenons la figure 2.2 ci-dessus, qui suggère un carré et un cube dans un hyperplan horizontal, comme si la dimension verticale était la quatrième dimension. Peu importe de savoir si cette quatrième dimension existe et quelle est sa nature : elle existe dans la mesure où on en a besoin pour construire notre hypercube, et avec un peu d'imagination, elle est visualisable : beaucoup de figures du présent ouvrage représenteront des objets de dimension 4.

D'où cette nouvelle figure 2.3, où nous avons deux carrés (à gauche) et deux cubes (à droite) dans deux hyperplans horizontaux, et nous relions les sommets de l'hyperplan supérieur aux sommets homologues de l'hyperplan inférieur par des segments parallèles à la quatrième dimension, obtenant ainsi un cube et un hypercube. Les carrés dont des *faces* du cube, les cubes sont des *cellules* de l'hypercube

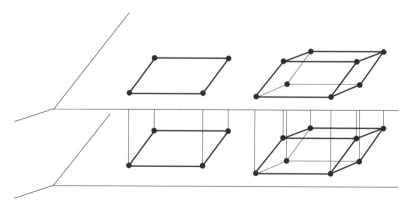

FIGURE 2.3. CUBE ET HYPERCUBE

… cela permet de construire un cube et un hypercube

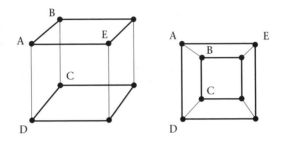

FIGURE 2.4. AUTRE REPRÉSENTATION DU CUBE

… mais tout comme le même cube peut être vu de différentes manières

Cette représentation de l'hypercube est amplement suffisante pour tout ce que le mathématicien veut en faire. Peu importe de savoir si ce dessin se réfère à une réalité dans un hypothétique univers de dimension 4 auquel nous n'avons pas accès : nous avons là une vision concrète d'un objet mathématique abstrait que nous allons analyser mathématiquement avec la certitude que tout autre mathématicien peut construire le même concept d'hypercube et y voir les mêmes propriétés.

Mais auparavant, regardons notre hypercube sous un autre angle qui le rende plus facile à manipuler. Commençons par le cube : si l'on s'approche de la face avant, on peut voir le cube comme sur la partie droite de la figure 2.4 ci-dessus.

Cette figure de droite est plus aplatie que celle de gauche, il est plus difficile d'y voir la troisième dimension, mais c'est néanmoins possible : dans ce genre de dessin, on y trouve ce qu'on y cherche. Mais nous avons là une représentation fort simple du cube : un grand carré, un petit carré à l'intérieur, et chaque sommet du grand carré relié au sommet correspondant du petit carré. Contrairement à la figure de gauche où la représentation de l'arête BC coupe la représentation de l'arête AE, nous n'avons là aucune intersection qui puisse troubler notre image du cube.

Et nous ferons pareil pour l'hypercube : un grand cube, un petit cube à l'intérieur, et chaque sommet du grand cube relié au sommet correspondant du petit cube. C'est la partie droite de la figure 2.5 : nous y avons le même hypercube que dans la partie gauche, mais vu sous un autre angle, plus facile à analyser. À chaque sommet, à chaque arête, à chaque face, à chaque cellule de cette figure de droite correspond un sommet, une arête, une face ou une cellule de la figure de gauche, mais cette dernière est plus difficile à analyser en raison des nombreuses intersections de la figure. Certaines arêtes ne sont pas dessinées sur la figure de droite, mais notre concept de cube nous permet de les restituer mentalement.

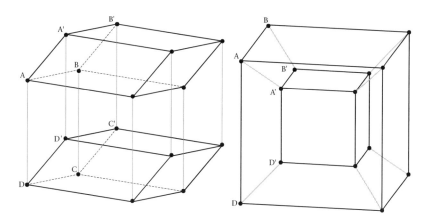

FIGURE 2.5. AUTRE REPRÉSENTATION DE L'HYPERCUBE

... l'hypercube admet lui aussi plusieurs représentations. C'est celle de droite que nous utiliserons désormais.

En fait, ce qui intéresse le mathématicien, ce n'est pas tant la représentation que les propriétés de cet hypercube. On pourrait étudier ces propriétés sans tenter de représenter l'hypercube, certes, mais qu'y gagnerait-on ? La visualisation d'un objet mathématique aide considérablement à le manipuler, et contribue à la beauté des mathématiques.

Pour commencer, nous allons dénombrer les sommets, arêtes, faces et cellules de l'hypercube. Alors que le cube possède six faces carrées, l'hypercube possède huit cellules cubiques : le petit cube, le grand cube, et six autres cubes reliant chacun une face du petit cube à une face du grand cube. Alors que le cube possède huit sommets (deux fois plus que le carré), l'hypercube possède seize sommets, deux fois plus que le cube. Combien possède-t-il d'arêtes ? Le cube possède 12 arêtes, les quatre côtés d'une face carrée, les quatre côtés de la face carrée opposée et les quatre segments joignant les deux faces carrées. L'hypercube possèdera 32 arêtes, les 12 arêtes d'une cellule cubique, les 12 arêtes de la cellule cubique opposée, et les 8 segments joignant les 8 sommets de la première cellule cubique aux 8 sommets de la cellule cubique opposée. Et combien contiendra-t-il de faces carrées ? Les 6 faces d'une cellule cubique, les 6 faces de la cellule cubique opposée et les 12 faces délimitées par une arête AB de la première cellule cubique, l'arête correspondante $A'B'$ de la seconde cellule cubique et deux segments AA' et BB' joignant les sommets A et B de la première cellule cubique aux sommets correspondants A' et B' de la seconde. Cela fait, en tout, 24 faces carrées.

Nous avons là une première propriété de l'hypercube : il possède 16 sommets, 32 arêtes, 24 faces carrées et 16 cellules cubiques. Tous les sommets, toutes les arêtes, toutes les faces carrées et toutes les cellules cubiques ont les mêmes propriétés : en particulier, chaque sommet appartient à 4 arêtes (une dans chaque direction), à 6 faces carrées (une pour chaque paire d'arêtes), et à 4 cellules cubiques (une pour chaque ensemble de trois arêtes), chaque arête appartient à 3 faces carrées et à 3 cellules cubiques, et chaque face carrée à 2 cellules cubiques.

Appelons s le nombre de sommets ($s = 16$), a le nombre d'arêtes ($a = 32$), f le nombre de faces carrées ($f = 24$) et c le nombre de cellules cubiques ($c = 8$). Comme chaque arête contient 2 sommets et chaque sommet appartient à 4 arêtes, le nombre de couples (arête, sommet appartenant à cette arête) vaut $2a = 4s$, soit 64. Le nombre de couples (face carrée, sommet appartenant à cette face carrée) vaut, lui : $4f = 6s$, soit 96, dans la mesure où chaque face carrée contient quatre sommets et chaque sommet appartient à six faces carrées. Et ainsi de suite : ce sont là des techniques élémentaires de dénombrements, que l'on peut mettre à l'épreuve sur l'étude de l'hypercube.

Mais on remarque en outre la propriété suivante : $s - a + f - c = 0$. Cela n'a rien d'une coïncidence ! dans l'étude des polyèdres convexes de l'espace de dimension 3, on peut démontrer la formule d'Euler : $s - a + f = 2$. Dans l'étude des polygones plans, on a : $s - a = 0$. Alors, les mathématiciens vont prouver que dans un espace de dimension quelconque, pour tout hyperpolyèdre ou polytope convexe, on a une formule analogue : la somme alternée $s - a + f - c + \ldots$ vaut soit 0 si la dimension de l'espace est paire, soit 2 si elle est impaire. Ce genre de résultat est souvent généralisable.

Mais ceci n'est qu'une première approche du concept d'hypercube. Celui-ci s'enrichira au fur et à mesure qu'on lui trouvera des propriétés supplémentaires, et le fait de visualiser l'hypercube nous aidera à étudier ses propriétés. Et ne nous limitons pas à l'hypercube : il existe bien d'autres hyperpolyèdres réguliers, de dimension 4, que nous allons eux aussi visualiser…

Le demi-hypercube

Jouons avec notre hypercube et, comme sur un échiquier, colorions les sommets en noir et en blanc de sorte que deux sommets reliés par une arête ne soient pas de la même couleur. Est-ce possible, et à quoi ressemble l'hyperpolyèdre – que nous appellerons désormais le « demi-hypercube » blanc – ayant pour sommets les points blancs (les sommets blancs de l'hypercube) ainsi définis ?

Commençons par nous poser la même question pour le cube. Colorier ainsi les sommets du cube ne pose pas de difficultés : on choisit un sommet blanc, les trois sommets voisins sont noirs, les trois sommets voisins de ces derniers sont blancs et le dernier sommet est noir. Mais si l'on veut généraliser

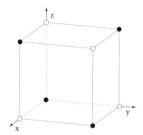

FIGURE 2.6. DEMI-CUBE BLANC

Colorions la moitié des sommets du cube en noir, l'autre moitié en blanc…

cela à un hypercube, voire à des espaces de dimension supérieure, on ne peut pas se contenter de cette construction intuitive pour prouver que c'est possible. Élaborons une démonstration. Déterminons chaque sommet du cube par ses coordonnées (x, y, z), avec $x = 0$ ou 1, $y = 0$ ou 1 et $z = 0$ ou 1. Si l'on parcourt une arête, on change une et une seule des trois coordonnées, remplaçant 0 par 1 ou 1 par 0. Donc la somme $x + y + z$ augmente de 1 ou diminue de 1 : si elle est paire, elle devient impaire, et inversement. Si l'on colorie en noir les sommets tels que $x + y + z$ est pair, et en blanc les sommets tels que $x + y + z$ est impair, il est clair que deux sommets de même couleur ne sont pas reliés par une arête. Cette même démonstration se généralise en dimension 4, ainsi qu'en dimension supérieure.

Mais à quoi ressemble le demi-hypercube noir ? Ce problème, lui, n'est pas aussi facilement généralisable. Un demi-cube a quatre sommets (puisque le cube a huit sommets), c'est donc un tétraèdre, et même un tétraèdre régulier puisque ses arêtes sont toutes de même longueur (ce sont les diagonales des faces du cube), et ses faces sont donc toutes des triangles équilatéraux.

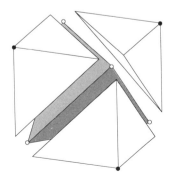

FIGURE 2.7. TÉTRAÈDRE DANS LE CUBE

… les points blancs sont les sommets d'un tétraèdre régulier (« demi-cube » blanc).

C'est là une propriété classique du tétraèdre régulier. On en déduit, par exemple, son volume : à partir d'un cube d'arête a, on obtient un tétraèdre d'arête $a\sqrt{2}$ en supprimant quatre coins pyramidaux de volume $a^3/6$ chacun, le volume du tétraèdre d'arête $a\sqrt{2}$ est donc $a^3/3$. Par ailleurs, en recollant huit de ces coins pyramidaux, on obtient un octaèdre (d'arête $a\sqrt{2}$ et de volume $4a^3/3$), d'où la possibilité de paver l'espace avec des tétraèdres et des octaèdres : on colorie en noir et en blanc les points d'un réseau à maille cubiques, chaque point blanc est le centre d'un octaèdre (dont les sommets sont les six points noirs voisins), et les vides entre ces octaèdres sont des tétraèdres (demi-cubes noirs). On remarque également que, si le tétraèdre d'arête $a\sqrt{2}$ s'obtient en joignant un sommet sur deux d'un cube d'arête a, l'octaèdre de même arête $a\sqrt{2}$ s'obtient en joignant les centres des faces d'un cube d'arête $2a$, cette propriété nous servira par la suite.

Qu'en est-il en dimension quatre ? L'hypercube ayant 16 sommets, le demi-hypercube en a 8. Rien ne nous dit *a priori* qu'il s'agit d'un hyper-polyèdre régulier, c'est-à-dire dont toutes les cellules sont des polyèdres réguliers, et dont tous les sommets jouent un rôle identique, notamment chaque sommet appartient au même nombre de cellules. Cette seconde condition est importante, car il existe des polyèdres de dimension trois dont toutes les faces sont des triangles équilatéraux et qui ne sont pas pour autant des polyèdres réguliers : l'exemple le plus simple consiste à coller deux tétraèdres. Cela donne un polyèdre de six faces, mais dont deux sommets A et B appartiennent chacun à trois faces alors que les trois autres sommets appartiennent chacun à quatre faces : ce n'est pas un polyèdre régulier, il n'est même pas inscriptible dans une sphère.

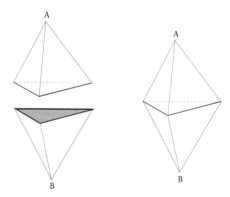

FIGURE 2.8. POLYÈDRE NON RÉGULIER

Un polyèdre dont toutes les faces sont des triangles équilatéraux n'est pas nécessairement régulier : celui qu'on obtient en recollant deux tétraèdres réguliers n'est pas régulier.

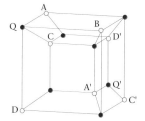

FIGURE 2.9. DEMI-HYPERCUBE

Colorions la moitié des sommets de l'hypercube en noir, l'autre moitié en blanc…

Revenons à notre demi-hypercube blanc, que nous appellerons H. Chaque cellule de l'hypercube contient nécessairement quatre points noirs et quatre points blancs. Les quatre points blancs sont les sommets d'un tétraèdre (demi-cube), qui est une des cellules de H (nous la qualifierons de blanche), et chaque point noir est voisin de quatre points blancs, qui déterminent également une cellule de H (que nous qualifierons de noire). Si l'on compare à ce qui se passe pour le cube, chaque face du cube contient deux points blancs et deux points noirs. Les deux points blancs ne sont pas les sommets d'une face du demi-cube, mais les extrémités d'une arête (les sommets d'un « demi-carré »), alors que chaque point noir est voisin de trois points blancs, qui déterminent une face du demi-cube. En passant de la dimension 3 à la dimension 4, on a changé le fait que chaque point noir est voisin de 4 points blancs au lieu de 3 (les triangles sont remplacés par des tétraèdres), mais également le fait que chaque cellule du cube contient 4 points blancs et non 2 (les demi-carrés sont remplacés par des demi-cubes), nous voyons donc apparaître des faces noires et des faces blanches de H qui ont toutes quatre sommets.

Et c'est là une spécificité de l'espace de dimension 4 : toutes les faces du demi-hypercube H sont des tétraèdres réguliers. En dimension supérieure n, cela ne se généralise pas : les faces blanches de l'hypercube de dimension n seraient des « hypertétraèdres de dimension $n-1$ », ayant chacune n sommets, les faces noires seraient des « demi-hypercubes de dimension $n-1$ », de 2^{n-2} sommets, mais en dimension 4, $n = 2^{n-2}$. Maintenant, cet hyperpolyèdre est-il régulier ? Chaque point blanc appartient à quatre cellules cubiques de l'hypercube, donc à quatre cellules blanches de H, et il est voisin de quatre points noirs, donc il appartient à quatre cellules noires de H, soit en tout à huit cellules de H. En tout état de cause, tous les sommets de H jouent un rôle symétrique.

Toutes les cellules de H sont des tétraèdres réguliers, et tous les sommets de H jouent un rôle symétrique, chacun d'eux appartenant au même nombre de cellules, H est donc un hyperpolyèdre régulier, avec $s = 8$ sommets, $c = 16$ cellules (une blanche pour chacune des 8 cellules de l'hypercube et une noire pour chacun des 8 points noirs)... combien de faces et combien d'arêtes ? Chaque cellule a quatre faces, et chaque face appartient à deux cellules, ce qui implique $4c = 2f$, il y a donc $f = 32$ faces. Chaque arête de H est la diagonale d'une face de l'hypercube, et chaque face de l'hypercube contient deux points noirs, donc une arête de H. Il y a donc le même nombre d'arêtes de H que de faces de l'hypercube, à savoir $a = 24$. À combien de faces et de cellules appartient une arête de H ? Les valeurs numériques ci-dessus suffisent à répondre à cette question, mais il est important de visualiser la chose sans se contenter d'un calcul numérique, si l'on veut bien concevoir la structure de cet hyper-polyèdre H. Une arête de H est une diagonale d'une face carrée de l'hypercube. Cette face carrée appartient à deux cellules cubiques, et elle possède deux sommets noirs (en plus des deux sommets blancs délimitant l'arête). L'arête appartient aux deux tétraèdres blancs inclus dans les deux cellules cubiques, et aux deux tétraèdres noirs définis par les deux sommets noirs du carré. Elle appartient à quatre cellules tétraédriques, donc également à quatre faces triangulaires de H, tout comme, dans le cas de polyèdres tridimensionnels, si un sommet appartient à k faces du polyèdre, il appartient également à k arêtes du polyèdre.

On peut également vérifier la généralisation de la formule d'Euler, à savoir : $s - a + f - c = 0$. $s = 8$, $a = 24$, $f = 32$, $c = 16$. Mais ce faisant, on entrevoit une propriété inattendue de ce demi-hypercube : il a 8 sommets alors que l'hypercube a 8 cellules, il a 24 arêtes alors que l'hypercube a 24 faces, il a 32 faces alors que l'hypercube a 32 arêtes et il a 16 cellules alors que l'hypercube a 16 sommets. Chaque sommet appartient à 8 cellules (alors que, dans l'hypercube, chaque cellule possède 8 sommets), chaque cellule possède quatre sommets (alors que, dans l'hypercube, chaque sommet appartient à quatre cellules), et ainsi de suite... est-ce une coïncidence ?

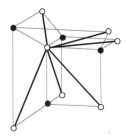

Figure 2.10. Arête de demi-hypercube

... les points blancs sont les sommets d'un « demi-hypercube », dont chaque sommet appartient à six arêtes, celles-ci étant les diagonales des six faces de l'hypercube passant par ce point.

La dualité

Non, ce n'est pas une coïncidence : le demi-hypercube que nous venons de construire n'est autre que l'*hyperoctaèdre*, le dual de l'hypercube.

Qu'est-ce que cette fameuse dualité ?

La notion générale de dualité est assez simple à concevoir, assez délicate à définir précisément. Car elle s'applique à un autre concept de polyèdre, le concept combinatoire. Un polyèdre (ou un hyperpolyèdre) peut être décrit comme un ensemble de sommets, d'arêtes, de faces... liés par une relation d'appartenance des sommets aux arêtes, des arêtes aux faces... La dualité consiste alors à renverser cette représentation en inversant également la relation d'appartenance.

Dans l'espace de dimension 3, par exemple, on associe à chaque face du polyèdre P un sommet de son dual P', à chaque arête de P une arête de P', à chaque sommet de P une face de P', de sorte que si une face de P contient une arête, le sommet correspondant de P' appartienne à l'arête correspondante, si une arête de P contient un sommet, l'arête correspondante de P' appartienne à la face correspondante. Il est donc clair que si P est le dual de P', P' est le dual de P, et ceci quelle que soit la dimension. Dans le cas général, il n'existe pas de méthode systématique pour construire géométriquement le dual d'un polyèdre : comme à chaque face d'un polyèdre doit correspondre un sommet de son dual, il semble possible de construire le dual P' de P en choisissant un sommet de P' sur chaque face de P, mais savoir si c'est toujours possible est un problème non résolu à l'heure actuelle. Dans le cas de polyèdres réguliers, le seul qui nous intéresse ici, le dual d'un polyèdre s'obtient effectivement en plaçant un sommet de P' au centre de chaque face de P.

Dans l'espace de dimension 4, le dual H' de l'hyperpolyèdre H s'obtient de la même manière, en associant à chaque cellule de H un sommet de H', à chaque face de H une arête de H', à chaque arête de H une face de H' et à chaque sommet de H une cellule de H', de sorte que si une cellule de H contient une face, le sommet correspondant de H' appartienne à l'arête correspondante, si une face de H contient une arête, l'arête correspondante de H' appartienne à la face correspondante, et si une arête de H contient un sommet, la face correspondante de H' appartienne à la cellule correspondante. Dans le cas des hyperpolyèdres réguliers, le dual H' de H peut se construire en plaçant un sommet de H' au centre de chaque cellule de H.

En dimension 3, le dual du cube est l'octaèdre, le polyèdre dont les sommets sont les centres des faces du cube. En dimension 4, nous appellerons hyperoctaèdre le dual de l'hypercube : c'est l'hyperpolyèdre dont les sommets sont les centres des cellules de l'hypercube. L'hypercube ayant 8 cellules, 24 faces, 32 arêtes et 16 sommets, l'hyperoctaèdre a 8 sommets, 24 arêtes, 32 faces et 16 cellules, tout comme... notre demi-hypercube H. Chaque sommet de l'hypercube appartenant à quatre arêtes, chaque cellule de l'hyperoctaèdre contient

41

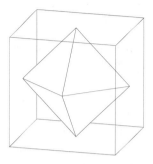

FIGURE 2.11. CUBE ET OCTAÈDRE

De même que le dual du cube est l'octaèdre, dont les sommets sont les centres des faces du cube...

quatre faces ; chaque arête de l'hypercube appartenant à trois faces, chaque face de l'hyperoctaèdre a trois arêtes ; chaque face de l'hypercube contenant quatre arêtes, chaque arête de l'hyperoctaèdre appartient à quatre faces.

Toutes ces propriétés sont vérifiées par notre demi-hypercube H, mais est-ce suffisant pour affirmer que H est un hyperoctaèdre ? On voit mal comment deux hyperpolyèdres réguliers pourraient avoir le même nombre de sommets, d'arêtes, de faces et de cellules sans être « semblables », c'est-à-dire différents seulement par la taille et la position.

Mais voyons plus précisément comment notre demi-hypercube H s'identifie à l'hyperoctaèdre, dual de l'hypercube (que nous appellerons K). Ce qui caractérise un hypercube, c'est que chaque cellule cubique est contiguë à toutes les autres cellules sauf une, tout comme la face supérieure d'un cube touche toutes les autres faces sauf la face inférieure. Ce qui caractérise, donc, le dual de l'hypercube, c'est que chaque sommet est voisin de tous les autres sommets sauf un, celui qui lui est diamétralement opposé. Considérons un hypercube d'arête 1, dont chaque sommet est défini par quatre coordonnées x, y, z, t, égales chacune à 0 ou 1. La distance de deux sommets de l'hypercube est, d'après le théorème de Pythagore, 1, $\sqrt{2}$, $\sqrt{3}$ ou 2 suivant que, pour passer du premier au second sommet, je dois changer une, deux, trois ou quatre coordonnées. Mais s'il s'agit de deux sommets de même couleur, pour passer

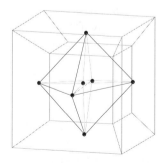

FIGURE 2.12. HYPERCUBE ET HYPEROCTAÈDRE

... le dual de l'hypercube est l'hyperoctaèdre, dont les sommets sont les centres des cellules de l'hypercube.

FIGURE 2.13. H, DUAL DE K

Le demi-hypercube n'est autre que l'hyperoctaèdre : à chaque sommet du demi-hypercube blanc, on peut associer une cellule de l'hypercube, donc un sommet de son dual, l'hyperoctaèdre. Ci-contre, les cubes diamétralement opposés k_C (intérieur) et $k_{C'}$ (extérieur), k_A et $k_{A'}$ (haut et bas), k_D et $k_{D'}$ (gauche et droite), k_B et $k_{B'}$ (avant et arrière) correspondent respectivement aux points diamétralement opposés C et C', A et A', D et D', B et B'.

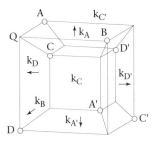

de l'un à l'autre, je dois changer un nombre pair de coordonnées, donc deux ou quatre, puisqu'à chaque changement d'une coordonnée (donc à chaque fois qu'on parcourt une arête), la couleur change. La distance ne peut être que $\sqrt{2}$ ou 2 : deux sommets distants de 2 étant diamétralement opposés (les quatre coordonnées sont changées), si A est un sommet du demi-hypercube blanc H, tout autre sommet de H hormis A' (diamétralement opposé à A) est « voisin » de A, c'est-à-dire à une distance $\sqrt{2}$ de A.

Ainsi, on peut de manière assez arbitraire associer à un sommet du demi-hypercube blanc H une cellule de K pour prouver que H est le dual de K. Choisissons une cellule noire $ABCD$ de H, quatre sommets voisins deux à deux. Ils sont voisins dans H (donc distants de $\sqrt{2}$), alors que dans K, ce sont les quatre voisins d'un point noir Q. Associons à ces quatre sommets, de manière totalement arbitraire, quatre cellules de K deux à deux contiguës (donc quatre cellules ayant un sommet en commun), que nous appellerons k_A, k_B, k_C, k_D. Les points A', B', C' et D' diamétralement opposés à A, B, C, D sont les quatre autres sommets de H. Les quatre autres cellules de K sont diamétralement opposées à k_A, k_B, k_C, k_D. Il suffit donc d'associer à A' la cellule diamétralement opposée à k_A, et de même pour B', C', D', pour obtenir la correspondance désirée. À deux sommets voisins de H, donc non diamétralement opposés, correspondent deux cellules non diamétralement opposées de K, donc contiguës. À l'arête joignant ces deux sommets voisins de H on associera donc la face commune aux deux cellules contiguës de K. À trois arêtes d'une même face de H correspondent trois cellules deux à deux contiguës de K, qui ont donc une arête en commun : à chaque face de H correspond donc une arête de K, et à chaque cellule de H correspond un sommet de K, puisque à quatre sommets deux à deux voisins de H on associe quatre cellules deux à deux contiguës de K, qui ont nécessairement un sommet en commun.

L'étude ci-dessus nous force à visualiser la structure de notre hypercube, même si cet objet mathématique n'est pas physiquement présent dans l'univers tridimensionnel qui nous entoure. Nous sommes très loin de la question métaphysique « qu'est-ce que la quatrième dimension ? », nous nous contentons d'étudier des propriétés qui ne sont pas si abstraites que cela d'objets mathématiques qui ne sont pas si abstraits que cela (puisqu'on peut les dessiner) : les hyperpolyèdres de l'espace de dimension 4. Ces mêmes objets peuvent être conceptualisés de différentes manières : comme objets purement algébriques, à l'aide des coordonnées de chaque sommet — on aurait pu, par un calcul algébrique sur les coordonnées, faire tourner le demi-hypercube H et le réduire par homothétie pour amener chacun de ses sommets au centre d'une cellule de K —. Ou bien comme objets combinatoires, puisque cette notion de dualité ne peut être généralisée qu'avec une vision combinatoire des polyèdres. Remarquons, à ce propos, qu'un hypercube s'identifie à l'ensemble des parties d'un ensemble de quatre éléments : chaque coordonnée d'un sommet vaut 1 ou 0 suivant que l'élément correspondant appartient ou n'appartient pas à la partie en question. Cela permet de généraliser bien des propriétés à un hypercube de dimension n, ensemble des parties d'un ensemble de n éléments, à commencer par toutes sortes de dénombrements, mais cela ne permet pas un certain nombre de manipulations de notre hypercube, aux-quelles nous allons nous consacrer maintenant, et pour lesquelles le support visuel est d'un précieux secours.

Découpons l'hypercube

Et maintenant que nous l'avons bien sous les yeux, saucissonnons notre hypercube. A quoi ressemblent les sections de l'hypercube ?

Tout d'abord, il existe plusieurs manières de sectionner un cube. Si nous le sectionnons parallèlement à une face, nous obtiendrons toujours un carré, et c'est sans intérêt. Il en va de même de l'hypercube : sectionnons-le paral-lèlement à une cellule, nous obtiendrons toujours un cube, l'effort de visua-lisation sera un peu plus grand mais ce n'est guère plus intéressant.

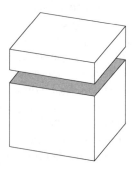 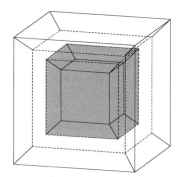

FIGURE 2.14. SECTIONS FACIALES

Si l'on découpe un cube parallèlement à une face, les sections sont invariablement carrées. Si l'on découpe un hypercube parallèlement à une cellule, les sections sont invariablement cubiques.

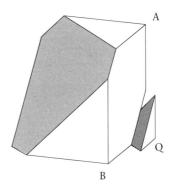

FIGURE 2.15. SECTIONS DIAGONALES DU CUBE

Si l'on découpe un cube perpendiculairement à une diagonale principale, les sections sont tantôt des triangles équilatéraux, tantôt des hexagones.

Par contre, on peut sectionner un cube ou un hypercube perpendiculairement à une grande diagonale, reliant deux sommets diamétralement opposés. Et là, les sections sont un peu plus variées.

Commençons par le cube. Si l'on part d'un sommet Q d'une grande diagonale, les sections seront tout d'abord des triangles équilatéraux, de taille croissante, jusqu'à ce que l'on atteigne les trois sommets A, B, C voisins de Q. Si nous dépassons le plan ABC, le triangle se tronque en chacun de ses trois sommets, ce qui donne une section hexagonale, dont tous les angles sont égaux à 120°. Celle qui passe par le centre du cube est même un hexagone régulier. Puis, les grands côtés de l'hexagone deviennent petits, jusqu'à ce qu'ils disparaissent lorsque nous atteignons trois nouveaux sommets A', B', C' du cube. Les sections qui suivent sont des triangles équilatéraux, mais orientés différemment des premiers.

Il reste à faire la même chose dans notre espace de dimension 4 : sectionner un hypercube perpendiculairement à une grande diagonale. Là encore, si l'on part d'une extrémité Q de la grande diagonale, avant d'atteindre les quatre sommets voisins de Q (que nous appellerons A, B, C, D), la section sera en forme de tétraèdre régulier semblable au tétraèdre $ABCD$. En franchissant $ABCD$, les sections deviendront des tétraèdres tronqués.

Ce ne sont plus des polyèdres réguliers, tout comme les triangles équilatéraux tronqués que nous obtenions comme sections du cube n'étaient pas des polygones réguliers. Mais la section centrale du cube était un hexagone régulier, et la section centrale d'un hypercube est, elle aussi, un polyèdre régulier : un octaèdre. Les six milieux des arêtes d'un tétraèdre sont, en effet, les six sommets d'un octaèdre régulier. C'est particulièrement évident si l'on envisage le tétraèdre comme un « demi-cube », dont les arêtes sont des diagonales de faces d'un cube, les milieux des arêtes sont alors les centres des faces de ce cube, donc les sommets de l'octaèdre dual.

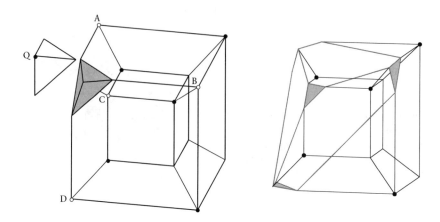

FIGURE 2.16. SECTIONS DIAGONALES DE L'HYPERCUBE

Si l'on découpe un hypercube perpendiculairement à une diagonale principale, les sections sont tantôt des tétraèdres réguliers, tantôt des tétraèdres tronqués.

Contrairement au cas du cube, les six sommets de cette section centrale sont des sommets de l'hypercube. Une fois dépassée cette section centrale, nous retrouvons des tétraèdres tronqués, mais dans l'autre sens : les grandes faces hexagonales sont devenues les petites faces triangulaires et inversement. Les triangles sont tous équilatéraux, les hexagones ont tous leurs angles égaux à 120°, mais ils ne sont pas réguliers. En fait, un seul de ces tétraèdres tronqués a pour faces des hexagones réguliers et des triangles équilatéraux : il fait partie des 13 polyèdres « semi-réguliers », ou archimédiens (par opposition aux 5 solides réguliers platoniciens), mais ne joue aucun rôle particulier dans le présent chapitre.

Si l'on continue à découper notre hypercube, nous atteignons ses quatre derniers sommets A', B', C', D' avant l'autre extrémité Q' de la grande diagonale, et les sections redeviennent des tétraèdres réguliers, mais orientés différemment des premiers.

Un des aspects intéressants de ce découpage, c'est qu'on voit apparaître cinq couches de sommets de l'hypercube : l'extrémité Q de la grande diagonale, un tétraèdre $ABCD$, un octaèdre « médian », un tétraèdre $A'B'C'D'$ et l'autre extrémité Q' de la grande diagonale. On peut compter qu'on n'a pas oublié de sommets : $1 + 4 + 6 + 4 + 1 = 16$, on reconnaît d'ailleurs là une ligne du triangle de Pascal, et ce n'est pas un hasard ! en dimension 3, les quatre couches de sommets ainsi traversées étaient une extrémité de la grande diagonale, un triangle, un autre triangle et l'autre extrémité de la grande diagonale, soit $1 + 3 + 3 + 1 = 8$, autre ligne du triangle de Pascal. Si l'on envisage l'hypercube comme l'ensemble des parties d'un ensemble de quatre éléments, les extrémités de la diagonale étant l'ensemble vide — correspondant au point (0, 0, 0, 0) — et l'ensemble tout entier — correspondant au point (1, 1, 1, 1) —, les différentes couches correspondent aux parties ayant un, deux ou trois éléments — donc aux points ayant une, deux ou trois coordonnées non nulles.

Mais surtout, on voit apparaître notre hypercube sous un autre angle. Basculons la figure, dans l'espace de dimension 4, de sorte que la grande diagonale soit « verticale », les sections appartenant à des hyperplans « horizontaux ». Certes, « horizontal » et « vertical » n'ont guère de sens en dimension 4, mais c'est bien utile pour faire l'analogie avec le cube. Dans le cas du cube, les couches du milieu sont deux triangles équilatéraux orientés différemment, mais qui forment un octaèdre non régulier, car ses six arêtes horizontales sont $\sqrt{2}$ fois plus longues que les autres. Dans le cas de l'hypercube, en revanche, les couches paires sont deux tétraèdres orientés différemment, donc deux demi-cubes, et elles forment un demi-hypercube, soit un hyperoctaèdre régulier. Si l'on dessine la grande diagonale QQ' et qu'on identifie les quatre points A, B, C, D voisins de Q, les quatre points A', B', C', D' voisins de Q', on reconnaît manifestement les points blancs définis dans le chapitre sur le demi-hypercube. Les huit autres points sont les points noirs, Q, Q' et six points équidistants de Q et Q', donc dans un même hyperplan, c'est notre couche médiane en forme d'octaèdre régulier.

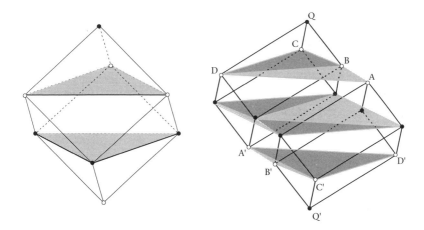

FIGURE 2.17. SECTIONS DIAGONALES DU CUBE ET DE L'HYPERCUBE

Si l'on découpe un cube perpendiculairement à une grande diagonale, en partant d'un sommet noir, on atteint d'abord trois sommets blancs (triangle équilatéral), puis trois sommets noirs (triangle équilatéral orienté dans l'autre sens), puis un sommet blanc. Si l'on découpe un hypercube perpendiculairement à une grande diagonale, en partant d'un sommet noir Q, on atteint d'abord quatre sommets blancs A, B, C, D (tétraèdre régulier), puis six sommets noirs (octaèdre), puis quatre sommets blancs A', B', C', D' (tétraèdre régulier orienté dans l'autre sens), puis un sommet noir Q'.

Voilà une autre manière de visualiser qu'un demi-hypercube est un hyper-octaèdre, car un hyperoctaèdre, par définition, a pour sommets les centres des faces d'un hypercube, donc un sommet pour la face supérieure, un sommet pour la face inférieure et six sommets (en forme d'octaèdre) pour les six faces latérales. Les points noirs forment donc un hyperoctaèdre, les points blancs un demi-hypercube, et il est clair que les points blancs jouent le même rôle que les points noirs. Mais cela nous donne une autre idée : considérons les cinq couches des sommets : Q, le tétraèdre $ABCD$, l'octaèdre médian, le tétraèdre $A'B'C'D'$, et Q', et positionnons la figure de telle sorte que QQ' soit dit vertical, tout hyperplan perpendiculaire à QQ' étant horizontal. $ABCD$ est un tétraèdre (donc un demi-cube) inclus dans un hyperplan horizontal, donc inscrit dans un cube horizontal que nous appellerons k. De même, $A'B'C'D'$ est inscrit dans un cube horizontal que nous appellerons k'. Que devient notre figure si l'on remplace $ABCD$ par les quatre autres sommets de k, $A'B'C'D'$ par les quatre autres sommets de k' ? Que se passe-t'il si l'on ajoute à notre hypercube les quatre autres sommets de k et les quatre autres sommets de k' ?

L'hypergranatoèdre

Que devient notre hypercube si nous le pivotons d'un quart de tour ? Et tout d'abord, que signifie une telle rotation ?

Dans un plan, une rotation est définie autour d'un point. Dans l'espace de dimension 3, autour d'une droite. Dans l'espace de dimension 4, autour d'un plan. Et le plan que nous choisirons, c'est celui qui contient une grande diagonale QQ' et la droite reliant les milieux M de BD et N de AC, A,B,C,D étant comme précédemment les quatre sommets de l'hypercube voisins de Q. $ABCD$ est un tétraèdre régulier appartenant à un hyperplan horizontal (per-pendiculaire à QQ'), donc MN est perpendiculaire à QQ', MN et QQ' définis-sent bien un plan « vertical » autour duquel on peut faire pivoter l'hypercube d'un quart de tour.

B et D appartiennent à une même face carrée de l'hypercube, dont un troisième sommet est Q, le dernier sommet, E, appartenant à l'octaèdre médian. Le milieu M de BD est également le milieu de QE, et, de même, il existe un sommet H de l'octaèdre médian tel que N, milieu de AC, soit milieu de QH. Comme la distance MN est égale à l'arête de l'hypercube, EH est égal à deux fois cette arête, E et H sont donc diamétralement opposés.

En d'autres termes, l'axe MN est parallèle à l'axe EH joignant deux sommets diamétralement opposés de l'octaèdre médian. Comme Q, B, E, D (sommets d'une face carrée de l'hypercube) sont diamétralement opposés respective-ment à Q', B', H, D', ces quatre points sont eux aussi les sommets d'une face carrée de l'hypercube, et le milieu N' de $Q'E$ est aussi le milieu de $A'C'$, tout comme le milieu M' de $Q'H$ est le milieu de $B'D'$: MN, EH et $N'M'$ sont trois axes parallèles.

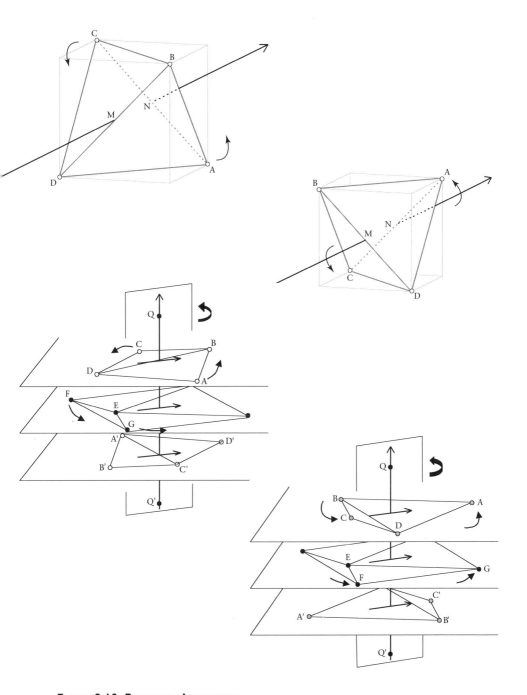

Figure 2.18. Pivotons l'hypercube

Faisons tourner l'hypercube autour d'un plan contenant la grande diagonale QQ' et un axe de chaque hyperplan horizontal. L'octaèdre médian est globalement invariant, mais les sections tétraédriques sont transformées chacune en le demi-cube complémentaire.

La rotation envisagée laisse donc invariant QQ', et par suite les hyperplans perpendiculaires à QQ', ainsi que les trois axes MN, EH et $N'M'$. La rotation d'un quart de tour autour de EH laisse invariant l'octaèdre médian, dont E et H sont deux sommets diamétralement opposés. Mais la rotation d'un quart de tour autour de MN transforme les quatre points $ABCD$ en les quatre autres sommets du cube k auquel ils appartiennent, et de même la rotation d'un quart de tour autour de $N'M'$ transforme les quatre points $A'B'C'D'$ en les quatre autres sommets du cube k' auquel ils appartiennent. En d'autres termes, cette rotation transforme l'hypercube K en un autre hypercube ayant 8 points communs avec K (les points noirs de K), et 8 points distincts (les images des points blancs de K sont 8 points, que nous appellerons gris, et qui n'appartiennent pas à K).

Et si l'idée nous venait de réunir les huit points blancs, les huit points noirs et les huit points gris, pour étudier l'hyperpolyèdre admettant ces 24 sommets ?

Dans l'espace de dimension 3, le polyèdre le plus proche de cet hyperpolyèdre est ce qu'on appelle le *granatoèdre*, que l'on obtient en joignant les huit sommets d'un cube K aux six centres des cubes contigus à K. Cela donne un polyèdre de 14 sommets et 12 faces, en quelque sorte la réunion d'un cube et d'un octaèdre ; mais ce n'est pas un polyèdre régulier : les faces sont des

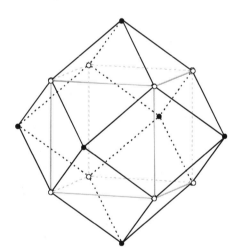

FIGURE 2.19. LE GRANATOÈDRE

Le granatoèdre, ou dodécaèdre rhombique, est un polyèdre non régulier ayant douze faces en forme de losanges et quatorze sommets : les huit sommets blancs sont les sommets d'un cube, ils appartiennent chacun à trois faces. Les six sommets noirs sont les sommets d'un octaèdre, chacun appartient à quatre faces.

losanges (et non pas des polygones réguliers), et les sommets ne jouent pas tous des rôles symétriques, les sommets du cube ont chacun trois voisins et appartiennent à trois faces alors que les sommets de l'octaèdre ont chacun quatre voisins et appartiennent à quatre faces.

Mais dans l'espace de dimension 4, l'hypergranatoèdre est, lui, un hyperpolyèdre régulier : il est est la réunion d'un demi-hypercube (hyperoctaèdre) blanc avec un hypercube noir et gris, ou encore d'un hyperoctaèdre noir avec un hypercube gris et blanc (cf. figure 2.20 au verso). Le fait qu'un hyperoctaèdre soit un demi-hypercube (ce qui n'est pas le cas en dimension 3) fait que chaque sommet joue un rôle symétrique. Un sommet noir Q, par exemple, a quatre voisins blancs A, B, C, D dans l'hypercube noir et blanc. Il n'a pas de voisin noir, car par définition deux sommets voisins de l'hypercube ne sont pas de la même couleur. Mais si je pivote d'un quart de tour l'hypercube autour d'un plan passant par la grande diagonale QQ', aux quatre voisins blancs de Q j'associe quatre voisins gris de Q. Les huit voisins de Q sont les sommets du cube k.

Il est clair que tous les sommets jouent un rôle symétrique : un sommet blanc D, par exemple, a quatre voisins noirs, les quatre voisins noirs de D dans l'hypercube noir et blanc, donc Q et trois sommets E, F, G de l'octaèdre médian. Et il a quatre voisins gris, les trois voisins de D dans le cube horizontal k contenant D, et le point homologue de l'autre cube horizontal k', donc en fait les quatre voisins de D dans l'hypercube blanc et gris, réunion des deux cubes horizontaux k et k'.

L'hypergranatoèdre G a donc 24 sommets ayant chacun 8 voisins, il a 96 arêtes, car il y a 24 × 8 = 192 couples (sommet, arête contenant ce sommet), et chaque arête contient deux sommets. Les huit voisins d'un sommet Q donné sont les sommets d'un cube k, chacun d'eux a trois voisins sur le cube k lui-même, de sorte que pour deux points voisins Q et A appartenant à k, on peut trouver trois autres sommets A_1, A_2, A_3 du cube k voisins simultanément de Q et de A : les faces de G sont donc des triangles équilatéraux, et chaque arête QA appartient à trois faces triangulaires, chaque sommet Q appartient à 12 faces triangulaires (correspondant aux 12 arêtes du cube k des voisins de Q). Il y a donc 24 × 12 = 288 couples (sommet, face contenant ce sommet), et comme chaque face contient trois sommets, il y a 96 faces. Il y a également : 96 × 3 couples (arête, face contenant cette arête), et comme chaque face contient trois arêtes, nous retrouvons (heureusement) nos 96 faces. Reste à appliquer la généralisation de la formule d'Euler : $h - f + a - s = 0$ pour trouver le nombre h de cellules : $h = f - a + s = 96 - 96 + 24 = 24$. De quel type de cellules s'agit-il ?

Une des manières d'étudier un polyèdre ou un hyperpolyèdre consiste à étudier l'ensemble des sommets voisins d'un sommet donné Q, ce que nous appellerons la « calotte » du polyèdre ou de l'hyperpolyèdre. Un polyèdre régulier étant inscrit dans une sphère, la calotte d'un polyèdre régulier est inscrite dans un cercle (le lieu des points de la sphère équidistants de Q est un

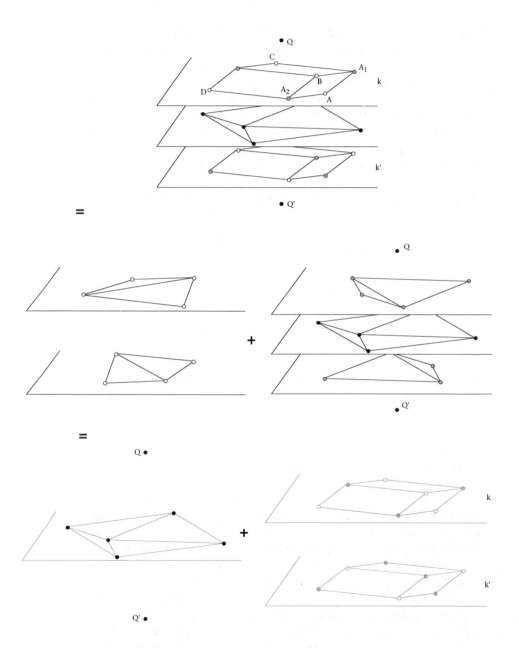

Figure 2.20. L'hypergranatoèdre

L'hypergranatoèdre est un hyperpolyèdre régulier ayant 24 sommets. C'est la réunion d'un demi-hypercube blanc avec un hypercube noir et gris, ou encore d'un hyperoctaèdre noir avec un hypercube gris et blanc.

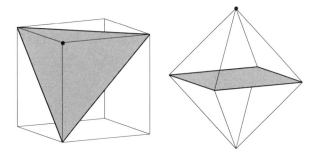

FIGURE 2.21. CALOTTE D'UN CUBE ET D'UN OCTAÈDRE

Si l'on appelle calotte d'un polyèdre la figure formée par l'ensemble des sommets voisins d'un sommet donné, la calotte d'un cube est un triangle équilatéral, la calotte d'un octaèdre est un carré.

cercle), et tous ses côtés sont de même longueur (il peut s'agir d'un côté ou d'une diagonale de face du polyèdre, mais toutes les faces contenant ce sommet sont identiques).

Dans le cas d'un hyperpolyèdre régulier, cet ensemble est nécessairement un polyèdre régulier : toutes ses faces sont des polygones réguliers identiques puisque ce sont les calottes des cellules contenant ce sommet, et chaque sommet appartient au même nombre de faces car autour d'une arête de l'hyperpolyèdre (en l'occurrence, celle joignant ce sommet à Q), il y a toujours le même nombre de cellules. Dans un hypertétraèdre ou un hypercube, chaque sommet est voisin de quatre autres sommets, la calotte est donc un tétraèdre. La calotte d'un hyperoctaèdre, elle, est un octaèdre, chaque sommet étant voisin de six autres sommets. Nous venons de voir qu'un hypergranatoèdre admet pour calotte un cube, que peut-on en déduire sur les cellules d'un hypergranatoèdre ? Qu'elles admettent pour calotte un carré, car les faces d'un cube sont des carrés, et qu'un sommet de l'hypergranatoèdre appartient à six cellules car un cube admet six faces carrées. Il existe un seul polyèdre régulier dont les calottes sont carrées : l'octaèdre. Les cellules d'un hypergranatoèdre sont donc des octaèdres, un sommet Q appartient à six cellules dont quatre sommets constituent une face carrée de la calotte k et le dernier sommet est sur l'octaèdre médian.

Cet hypergranatoèdre est une spécificité de l'espace de dimension 4. Il est son propre dual. Son hypervolume est deux fois celui de l'hypercube, tout comme le volume du granatoèdre est deux fois celui du cube, car ses sommets sont ceux de l'hypercube et les centres des hypercubes contigus, son hypervolume est donc celui de l'hypercube plus celui des huit hyperpyramides à base cubique ajoutées à cet hypercube : si on les découpe et on les recolle entre elles, on peut former un deuxième hypercube de même hypervolume que le premier. On peut donc, sur le même principe, paver notre espace de

53

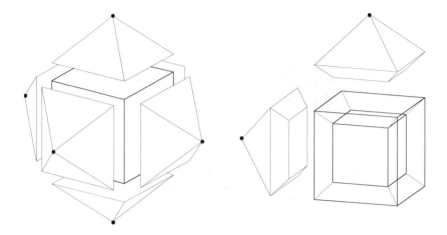

FIGURE 2.22. VOLUME D'UN GRANATOÈDRE ET D'UN HYPERGRANATOÈDRE

Le granatoèdre peut se découper en un cube et six pyramides qui, recollées autour d'un même sommet, constituent un second cube. Son volume est donc le double du volume du cube inscrit. Il en va de même de l'hypergranatoèdre, constitué d'un hypercube et de huit hyperpyramides. Or l'arête de l'hypergranatoèdre est la même que l'arête de l'hypercube inscrit, car ses faces sont des triangles équilatéraux dont deux des trois sommets sont sommets de l'hypercube. Il en résulte qu'un hypergranatoèdre d'arête a a pour hypervolume $2a^4$.

dimension 4 rien qu'avec des hypergranatoèdres, et le lieu des sommets et des centres de ces hypergranatoèdres pavant l'espace de dimension 4 joue un rôle, par exemple dans l'étude des quaternions.

Car il n'y a pas que les dénombrements et la dualité dans l'étude des hyperpolyèdres : ils ont un nombre étonnant de propriétés algébriques. Ils fournissent, notamment, des illustrations intéressantes de la notion de groupe, et des exemples de groupes en rapport direct avec les groupes les plus classiques (groupe de Klein, groupes symétriques, groupes de rotations d'un polyèdre...). Mais à condition d'introduire une nouvelle structure de notre espace de dimension 4 : le corps des quaternions.

Un peu d'algèbre

Quittons un instant nos dénombrements et nos hyperpolyèdres pour entrer dans l'univers des nombres. Les nombres, ce sont d'abord les nombres entiers, que l'on utilise pour compter, puis les nombres réels, que l'on utilise pour mesurer, et qui s'assimilent aux points d'une droite.

Quand on résoud des équations, on se rend compte qu'il n'existe pas de nombre réel x tel que $x^2 = -1$. Mais cela n'arrête pas les mathématiciens : rien n'empêche de créer un tel nombre, « imaginaire » : i. Et on appellera « ensemble des nombres complexes » l'ensemble des nombres de la forme : $x + iy$, x et y étant deux nombres réels. Sur cet ensemble, on définira les mêmes opérations que sur l'ensemble des réels, pour se rendre compte que non seulement l'ensemble des nombres complexes a la même structure de « corps commutatif » que l'ensemble des réels, mais en outre, toutes les équations algébriques (à coefficients réels ou complexes) admettent des nombres complexes solutions : c'est le théorème fondamental de l'algèbre, attribué à Gauss ou à d'Alembert.

Alors, peut-on ajouter à l'ensemble des nombres complexes un nouveau nombre, que l'on appellera j ? j ne peut pas être défini comme solution d'une équation algébrique, puisqu'il n'existe pas d'équation algébrique qui n'ait pas de racines complexes, on n'a besoin d'aucun nouveau nombre pour résoudre des équations. Mais j peut répondre à un autre besoin…

C'est en 1843 que le mathématicien irlandais William Rowan Hamilton introduit ces nouveaux nombres que l'on nomme les quaternions. Au cours du xixe siècle, les structures algébriques font progressivement leur apparition, et la meilleure manière de bien conceptualiser ces notions, a priori abstraites, de groupe, corps… est d'en manipuler des exemples concrets. Or les hyperpolyèdres de l'espace de dimension 4, en liaison avec le corps des quaternions, fournissent de beaux exemples de groupes.

Les groupes

Dès l'enfance, on apprend à additionner des nombres, puis à les multiplier. Mais on sait également déplacer des objets, ou les permuter. Toutes ces opérations ont quelque chose en commun : on peut les composer. Et cette composition possède des propriétés générales, notamment : on peut additionner plusieurs nombres sans préciser de quelle manière on regroupe les termes, ce qui s'écrit mathématiquement : $(a+b) + c = a + (b+c)$. On peut, pareillement, composer plusieurs déplacements ou plusieurs permutations sans préciser comment on les regroupe. Par contre, on ne peut pas commuter des déplacements : si l'on fait tourner un objet de 90° autour d'un axe vertical, puis de 90° autour d'un axe horizontal, on n'obtient pas le même déplacement que si on le fait tourner d'abord autour de l'axe horizontal, puis autour de l'axe vertical. De même, si l'on considère l'ensemble des permutations de trois éléments, permuter les deux premiers éléments $(a, b, c) \rightarrow (b, a, c)$, puis les deux derniers : $(b, a, c) \rightarrow (b, c, a)$ ne donne pas le même résultat que permuter les deux derniers : $(a, b, c) \rightarrow (a, c, b)$ puis les deux premiers $(a, c, b) \rightarrow (c, a, b)$. Alors, que dans le cas de l'addition, on peut commuter : $a + b = b + a$. Qui plus est, si on se limite aux symétries axiales (rotations de 180°) par rapport à trois axes deux à deux perpendiculaires, ces trois symétries commutent.

En rapprochant ces divers types d'opérations, on peut élaborer le concept de groupe. Celui-ci est apparu au début du XIXe siècle (Cauchy, Galois...) pour répondre à la question : peut-on résoudre une équation du cinquième degré ? Rappelons ce qu'est un groupe : un ensemble G muni d'une loi de composition $*$ associative (pour trois éléments quelconques a, b, c de G, $(a*b)*c = a*(b*c)$), possédant un élément neutre e (pour tout élément a de G, $a*e = e*a = a$) et telle que tout élément a de G possède un symétrique a' (vérifiant : $a*a' = a'*a = e$). L'associativité permet de déplacer les parenthèses, et l'existence du symétrique permet notamment de simplifier : $a*b = a*c$ si et seulement si $b = c$, cette propriété importante des groupes nous servira dans les prochains paragraphes. Par ailleurs, certains groupes sont commutatifs (tels que pour deux éléments quelconques a et b de G, $a*b = b*a$), mais ce n'est pas le cas général.

On peut construire à la main de petits groupes, de 2, 3, 4... éléments : on définit la loi de composition par un tableau carré, ayant une ligne par élément x du groupe et une colonne par élément y du groupe, en écrivant le produit $x*y$ à l'intersection de la ligne de x et de la colonne de y. Sur une même ligne ou sur une même colonne, chaque élément du groupe doit apparaître une et une seule fois.

x \ y	e	a
e	e	a
a	a	e

x \ y	e	a	b
e	e	a	b
a	a	b	e
b	b	e	a

FIGURES 3.1. GROUPES D'ORDRE 2 ET 3

Tous les groupes de deux éléments {e, a} (groupes d'ordre 2) sont isomorphes, ils ont la même structure définie par le tableau ci-dessus. De même pour les groupes d'ordre 3.

Pour 2 ou 3 éléments, on ne peut guère définir la loi de composition que d'une seule manière : pour trois éléments, par exemple, si {e, a, b} est un groupe, e étant l'élément neutre, $a*b$ ne peut être égal ni à $a = a*e$, ni à $b = e*b$, donc nécessairement $a*b = e$, et de même pour $b*a$. Il reste à compléter : $a*a$ ne peut être égal ni à $a = a*e$, ni à $e = a*b$, donc nécessairement $a*a = b$, et de même $b*b = a$. Cet unique groupe d'ordre 3 (c'est-à-dire : ayant trois éléments) est commutatif.

Qu'en est-il pour 4 éléments ? Appelons e l'élément neutre, a un autre élément. Si l'on suppose que, pour au moins un élément a, $a*a$ n'est pas égal à e, posons $b = a*a$. Pour être différent de $a = a*e$, $b = a*a$ et $c = e*c$, $a*c$ doit être égal à e, et pour compléter la ligne il faut que $a*b = c$. De même, $b*c$ ne peut être égal qu'à a, ce qui permet de compléter le tableau. Mais il se pourrait que chacun des trois éléments a, b, c vérifie : $a*a = b*b = c*c = e$. Dès lors, $a*b$ ne serait égal ni à a, ni à b, ni à $e = a*a$, donc $a*b = c$, et le même raisonnement vaudrait pour tous les autres produits : on trouve une seconde possibilité de groupe.

Il ne peut donc exister que deux groupes d'ordre 4 : on vérifie que ce sont bien des groupes, et que tous deux sont commutatifs. Le premier est appelé

x \ y	e	a	b	c
e	e	a	b	b
a	a	b	c	e
b	b	c	e	a
c	c	e	a	b

x \ y	e	a	b	c
e	e	a	b	c
a	a	e	c	b
b	b	c	e	a
c	c	b	a	e

FIGURES 3.2. GROUPES D'ORDRE 4

Par contre, il existe deux sortes de groupes d'ordre 4 : les groupes cycliques (à gauche) et les groupes de Klein (à droite).

« groupe cyclique d'ordre 4 », et le second, « groupe de Klein ». Je ne m'attarderai pas sur les propriétés et les représentations de ces groupes, mais davantage sur le fait qu'il existe un procédé permettant de construire le groupe de Klein à partir du groupe cyclique : de manière plus générale, considérons un groupe commutatif G d'ordre $2n$, dont la loi de composition sera notée $+$ et l'élément neutre 0. Inclus dans ce groupe, considérons (pour la même loi $+$) un sous-groupe H d'ordre n. Remarquons tout de suite que $x+y$ appartient à H si et seulement si x et y sont tous deux dans H ou tous deux hors de H : si $x+y = z$ et si deux des trois éléments x, y et z appartiennent à H, le troisième appartient nécessairement à H puisque H est un groupe. Si x n'appartient pas à H, tout élément de G peut s'écrire d'une et d'une seule manière sous forme $x+y$, avec y appartenant à G. Si y appartient à H, $x+y$ n'appartient pas à H : on obtient ainsi tous les n éléments de G n'appartenant pas à H, de sorte que si y n'appartient pas à H, $x+y$ appartient nécessairement à H.

Considérons par ailleurs une fonction f qui, à tout x appartenant à G, associe $x' = f(x)$ appartenant à G, de sorte que :

— quels que soient x et y appartenant à G, $f(f(x)) = x$ et $f(x+y) = f(x) + f(y)$.
— si x appartient à H, $f(x)$ appartient lui aussi à H.

Alors, la loi de composition $*$ définie sur G par :

$$x*y \;=\; x + y \qquad \text{si } y \text{ appartient à } H,$$
$$=\; f(x) + y \qquad \text{si } y \text{ n'appartient pas à } H.$$

munit l'ensemble des éléments de G d'une nouvelle structure de groupe. Il suffit de vérifier l'associativité $(x*y)*z = x*(y*z)$ en distinguant quatre cas (selon que x appartient ou non à H et que y appartient ou non à H), l'élément neutre ($0 = f(0)$), et l'existence du symétrique (si l'on appelle $-x$ le symétrique de x pour la loi $+$ de G, le symétrique de x pour la loi $*$ est : $-x$ si x appartient à H, $f(-x)$ si x n'appartient pas à H).

Pour tout groupe commutatif G d'ordre $2n$, et tout sous-groupe H de G, d'ordre n, il existe au moins une fonction f vérifiant les conditions ci-dessus : celle qui à un élément x de G associe son symétrique $-x$. Et c'est ainsi que l'on peut transformer le groupe cyclique d'ordre 4 en le groupe de Klein.

x \ y	0	1	2	3
0	0	1	2	3
1	1	0	3	2
2	2	3	0	1
3	3	2	1	0

FIGURE 3.3. GROUPE DE KLEIN

Le groupe de Klein se déduit du groupe cyclique $\{0, 1, 2, 3\}$ en y définissant une nouvelle loi de composition qui, à (x, y) associe $x + y$ si y est pair, $(-x) + y$ si y est impair.

Plus généralement, le groupe cyclique d'ordre $2n$ peut être représenté par le groupe des rotations qui transforment un polygone régulier de $2n$ côtés en lui-même. On notera ses éléments : $\{0, 1, \dots , 2n{-}1\}$. En choisissant $f(x) = -x$, la transformation ci-dessus, pour $n \geq 3$, transforme le groupe cyclique en le « groupe diédral » d'ordre $2n$, qui peut être représenté par le groupe des rotations et des symétries laissant invariant (transformant en lui-même) un polygone de n côtés. Ce groupe n'est pas commutatif. Pour $n = 3$, le groupe diédral d'ordre 6 est le groupe symétrique S_3 des permutations d'un ensemble de trois éléments, car toute permutation des trois sommets d'un triangle peut être obtenue par une rotation ou par une symétrie du triangle.

Mais f n'est pas obligatoirement la fonction $f(x) = -x$: c'est ainsi que, pour $n = 4$, la fonction $f(x) = x + x + x$ que nous noterons : $f(x) = 3x$ vérifie elle aussi les conditions ci-dessus, et permet de définir, à partir du groupe cyclique d'ordre 8, un groupe différent du groupe diédral d'ordre 8, un nouveau groupe que nous appellerons : l'hyperoctaèdre.

Tiens donc ! Cette longue digression sur les groupes nous faisait quelque peu oublier nos hyperpolyèdres. Certes, l'hyperoctaèdre possède huit sommets, et il est possible d'associer à chaque sommet de l'hyperoctaèdre un élément d'un groupe d'ordre 8, mais pourquoi ce troisième groupe plutôt que les deux autres ? Ce sont les quaternions qui vont nous fournir la réponse.

x \ y	0	1	2	3	4	5	6	7
0	0	1	2	3	4	5	6	7
1	1	4	3	6	5	0	7	2
2	2	7	4	1	6	3	0	5
3	3	2	5	4	7	6	1	0
4	4	5	6	7	0	1	2	3
5	5	0	7	2	1	4	3	6
6	6	3	0	5	2	7	4	1
7	7	6	1	0	3	2	5	4

FIGURE 3.4. GROUPE HYPEROCTAÈDRE

Le groupe hyperoctaèdre se déduit du groupe cyclique $\{0, 1, 2, 3, 4, 5, 6, 7, 8\}$ en y définissant une nouvelle la loi de composition qui, à (x, y) associe $x + y$ si y est pair, $(3x) + y$ si y est impair.

Les quaternions

Définissons un point Q de l'espace de dimension quatre par ses quatre coordonnées, réelles : (t, x, y, z). Ce quadruplet de coordonnées peut être symboliquement écrit : $q = t + xi + yj + zk$: t est la partie réelle du quaternion (tout comme x est la partie réelle du nombre complexe $x+iy$). Par ailleurs, il est possible, sur l'ensemble de ces points, de définir une addition et une multiplication, de manière classique mais en posant (pour la mutiplication) : $ij = k, jk = i, ki = j, ik = -j, ji = -k, kj = -i$. Ainsi, par exemple :

$$(1 + 2i + 3j + 4k) + (2 - i + 2j - 3k) = 3 + i + 5j + k$$

(on additionne les composantes réelles, les composantes en i, les composantes en j, les composantes en k), et :

$$(1 + 2i + 3j + 4k)\,(2 - i + 2j - 3k)$$
$$= (2 - i + 2j - 3k) + (4i + 2 + 4k + 6j) + (6j + 3k - 6 - 9i) + (8k - 4j - 8i + 12)$$
$$= 10 - 14i + 10j + 12k$$

(on développe le produit).

Cet ensemble, muni des deux lois de composition ci-dessus, est appelé ensemble des quaternions. Le fait que $ij = -ji, ik = -ki$ et $jk = -kj$ entraîne que, d'une part, la multiplication n'est pas commutative, d'autre part, si l'on appelle conjugué du quaternion $q = t + xi + yj + zk$ le quaternion $\overline{q} = t - xi - yj - zk$, non seulement $q + \overline{q} = 2t$ est réel, mais $q\overline{q} = t^2 + x^2 + y^2 + z^2$ est lui aussi réel, il est positif et non nul si et seulement si l'une au moins des composantes de q est non nulle, c'est-à-dire si q est non nul. Ce réel $(t^2 + x^2 + y^2 + z^2)$ est d'ailleurs le carré de la distance, dans l'espace de dimension 4, du point O, de coordonnées : $(0, 0, 0, 0)$ au point Q de coordonnées (t, x, y, z), distance que l'on appelle *module* du quaternion $q = t + xi + yj + zj$. On prouve facilement que le module d'un produit de quaternions est le produit des modules. Ainsi, le produit de deux quaternions de module 1 est un quaternion de module 1.

Nous ne détaillerons pas toutes les propriétés des quaternions, mais nous nous intéresserons à certains groupes finis de quaternions, c'est-à-dire des ensembles finis de quaternions qui, avec la loi de multiplication des quaternions, ont une structure de groupe. Parmi eux, l'ensemble : $\{1, i, j, k, -1, -i, -j, -k\}$, qui joue un rôle primordial dans la mesure où montrer que la multiplication des quaternions est associative revient à prouver que la multiplication est associative sur cet ensemble de 8 quaternions. Or cet ensemble a bien une structure de groupe, c'est le troisième groupe d'ordre 8 défini ci-dessus (autre que le groupe cyclique et le groupe diédral). Et si maintenant je considère ces quaternions $1, i, j, k, -1, -i, -j, -k$ comme huit points de l'espace de dimension 4, ce sont les huit sommets d'un hyperoctaèdre.

x \ y	1	i	j	k	– 1	– i	– j	– k
1	1	i	j	k	– 1	– i	– j	– k
i	i	– 1	k	– j	– i	1	– k	j
j	j	– k	– 1	i	– j	k	1	– i
k	k	j	– i	– 1	– k	– j	i	1
– 1	– 1	– i	– j	– k	1	i	j	k
– i	– i	1	– k	j	i	– 1	k	– j
– j	– j	k	1	– i	j	– k	– 1	i
– k	– k	– j	i	1	k	j	– i	– 1

FIGURE 3.5. GROUPE HYPEROCTAÈDRE

Le groupe hyperoctaèdre est également l'ensemble des sommets d'un hyperoctaèdre, muni de la multiplication des quaternions. Il possède trois sous-groupes cycliques d'ordre 4, qui sont les trois sections passant par 1 et –1 et une diagonale de l'octaèdre médian.

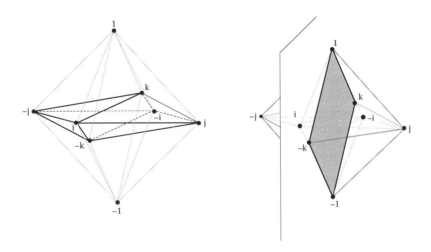

Ce groupe possède trois sous-groupes d'ordre 4, qui sont des groupes cycliques : {1, i, –1, –i}, {1, j, –1, –j}, {1, k, –1, –k} et qui correspondent aux trois sections carrées de l'hyperoctaèdre passant par le point 1. D'ailleurs, si $u = ai + bj + ck$ est un quaternion de partie réelle nulle et de module 1, $u^2 = – 1$ et l'ensemble des quaternions de la forme : $x + uy$ (avec x et y réels) est un corps isomorphe au corps des nombres complexes (c'est-à-dire qu'on peut l'identifier au corps des complexes, en associant au quaternion : $q = x + uy$ le nombre complexe : $z = x + iy$). Cela vaut, bien sûr, pour $u = i$, j ou k, mais aussi pour toute autre valeur de u vérifiant cette propriété, par exemple : $u = (i+j+k)/\sqrt{3}$. En d'autres termes, toutes les sections planes de l'ensemble des quaternions passant par 0 et 1 ont la même structure.

Si maintenant je définis des classes de quaternions non nuls, en posant que deux quaternions non nuls q et q' sont équivalents (appartiennent à la même classe) si et seulement si il existe un réel λ non nul tel que $q' = \lambda q$ (donc si et seulement si ils sont proportionnels, ou alignés avec l'origine O), on voit que chaque classe de quaternions possède deux éléments de module 1 (deux points diamétralement opposés sur l'hypersphère), et que les sommets de notre hyperoctaèdre appartiennent à quatre classes : $e = \{1, -1\}$, $a = \{i, -i\}$, $b = \{j, -j\}$ et : $c = \{k, -k\}$. On peut définir le produit de deux classes : quel que soit l'élément de la classe a et l'élément de la classe b que je choisis, leur produit appartiendra toujours à la classe c, ce qu'on écrira : $ab = c$. En réalité, deux quaternions non nuls q et q' sont équivalents si le produit qq'^{-1} est un réel non nul, et l'ensemble des réels non nuls étant, pour cette loi de multiplication des quaternions, un sous-groupe (et pas n'importe quel sous-groupe : les réels commutent avec tout quaternion), l'ensemble des classes de quaternions ainsi définies (l'ensemble des droites de l'espace de dimension 4 passant par l'origine O), muni de cette multiplication, a une structure de groupe, que l'on appelle « groupe quotient » du groupe multiplicatif des quaternions non nuls par le sous-groupe distingué des réels non nuls. Cette même relation de proportionnalité permet de définir le groupe quotient de l'hyperoctaèdre par son sous-groupe $\{1, -1\}$: c'est un groupe d'ordre 4, $\{e, a, b, c\}$, et plus précisément le groupe de Klein. D'ailleurs, il n'existe que deux groupes d'ordre 4, l'un est sous-groupe de l'hyperoctaèdre $\{1, i, -1, -i\}$, l'autre groupe quotient.

Mais l'intérêt des quaternions ne s'arrête pas là. Le groupe quotient du groupe multiplicatif des quaternions non nuls par le sous-groupe des réels non nuls s'identifie de manière simple au groupe des rotations de l'espace de dimension 3 autour d'un axe passant par l'origine. Considérons, pour commencer, un quaternion u de partie réelle nulle : $u = ai + bj + ck$. On peut lui associer un vecteur de l'espace de dimension 3, $\vec{u} = a\vec{i} + b\vec{j} + c\vec{k}$. Si on le multiplie par un autre quaternion $v = xi + yj + zk$, tel que les deux vecteurs associés soient perpendiculaires, donc tel que : $ax + by + cz = 0$, la partie réelle du produit sera nulle, et le produit vaudra donc : $(bz - cy)i + (cx - az)j + (ay - bx)k$, quaternion associé au produit vectoriel $\vec{u} \wedge \vec{v}$, c'est-à-dire au vecteur perpendiculaire à u et v (car $a(bz-cy) + b(cx-az) + c(ay-bx) = x(bz-ay) + y(cx-az) + z(ay-bx) = 0$) et de module le produit des modules, car $[(bx-cy)^2 + (cx-az)^2 + (ay-bz)^2] + (ax + by + cz)^2 = (a^2+b^2+c^2)(x^2+y^2+z^2)$. Supposons désormais que u est de module 1 : le quaternion uv est associé à un vecteur de même module que v, perpendiculaire à u et à v : ce produit fait tourner v de 90° autour de u dans un sens. Le produit $vu = -uv$ fait tourner v de 90° autour de u dans l'autre sens. Donc le quaternion $uvu = (uv)u = u(vu) = v$.

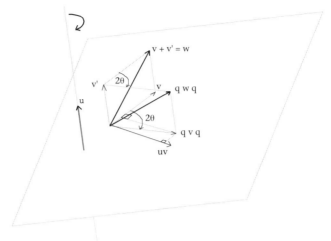

FIGURE 3.6. ROTATION AXIALE

Définition d'une rotation spatiale à l'aide de quaternions : si l'on décompose le vecteur *w* en une composante *v'* parallèle à *u* et une composante *v* perpendiculaire à *u*, et qu'on fait tourner *w* de 2θ autour de *u*, on obtient le vecteur $qw\bar{q}$ qui se décompose en *v'* et $qv\bar{q}$.

Posons maintenant : $q = \cos\theta + u\sin\theta$, donc $\bar{q} = \cos\theta - u\sin\theta$, $qv = v\cos\theta + uv\sin\theta$, donc $qv\bar{q} = v(\cos 2\theta - \sin^2\theta) + uv(2\sin\theta\cos\theta)$: comme $\cos^2\theta - \sin^2\theta = \cos(2\theta)$ et $2\sin\theta\cos\theta = \sin(2\theta)$, le vecteur associé à ce produit peut être obtenu par la rotation de *v* d'un angle 2θ autour de *u* (dans un sens défini par le sens de u^1). Il en va de même si *v'* est non plus perpendiculaire à *u*, mais colinéaire à *u*, car alors *q* et *v'* commutent : $qv' = v'q$, donc $qv'\bar{q} = v'$ (puisque $q\bar{q} = 1$). Dès lors, si l'on considère un quaternion quelconque *w* de partie réelle nulle, *w* peut se décomposer en : $v + v'$, avec *v* perpendiculaire à *u* et *v'* colinéaire à *u*, et l'on aura : $qw\bar{q} = qv\bar{q} + qv'\bar{q} = qv\bar{q} + v'$, dont le vecteur associé est bien obtenu par la rotation de *w* autour de *u* d'un angle 2θ. De sorte qu'à tout quaternion de module 1 : $q = \cos\theta + u\sin\theta$ on peut associer la rotation d'un angle 2θ autour de *u*. En fait, à un quaternion *q* ainsi défini, on peut associer deux couples (θ, u) et $(-\theta, -u)$, mais qui correspondent à la même rotation, et à une même rotation on peut associer deux quaternions : *q* et $-q$, en remplaçant θ par $\pi + \theta$. En d'autres termes, à une classe de quaternions on peut associer bijectivement une rotation de l'espace

---

1. La notion d'angle est délicate à définir en mathématiques, et d'autant plus s'il s'agit de l'angle d'une rotation dans un espace tridimensionnel. L'angle doit alors prendre en compte et l'orientation de l'espace (il existe deux manières d'orienter l'espace) et l'orientation de l'axe de rotation. Nous n'approfondirons pas davantage, car la seule chose qui nous importe est que, l'orientation de l'espace étant fixée une fois pour toutes, la rotation de θ autour d'un axe orienté dans un sens est la même que la rotation de $-\theta$ autour du même axe orienté dans l'autre sens.

de dimension 3, de sorte qu'au produit de deux classes $q_1 q_2$ soit associée la composée des deux rotations : le conjugué de $q_1 q_2$ est $\overline{q_2}\,\overline{q_1}$, et pour tout quaternion w, $(q_1 q_2) \mathrm{w} (\overline{q_2}\,\overline{q_1}) = q_1 (q_2 \mathrm{w} \overline{q_2}) \overline{q_1}$.

$1 = \cos(0) + i \sin(0)$ et $-1 = \cos(\pi) + i \sin(\pi)$, donc la classe $e = \{1, -1\}$ est l'élément neutre, associé à la rotation d'angle 0 (identité) ; la classe $a = \{i, -i\}$ est associée à la rotation d'angle π autour du vecteur i, donc à la symétrie par rapport à cet axe de coordonnées. En d'autres termes, au groupe de Klein quotient de l'hyperoctaèdre par $\{1, -1\}$, on associe le groupe des quatre rotations : identité et symétrie par rapport à trois axes deux à deux perpendiculaires. C'est une des représentations classiques du groupe de Klein. C'est aussi celle qui fait le lien entre le groupe de Klein et les groupes diédraux : nous avons vu que la même transformation qui transforme le groupe cyclique d'ordre 4 en le groupe de Klein transforme, pour $n \geq 3$, le groupe cyclique d'ordre $2n$ en le groupe diédral d'ordre $2n$. En quelque sorte, le groupe de Klein est un « groupe diédral », contenant deux symétries planes laissant invariantes un segment AB du plan (la symétrie par rapport AB et par rapport à sa médiatrice), l'identité et la rotation de π autour du centre de AB, donc la rotation de π autour de la normale au plan passant par le milieu de AB. On retrouve là l'identité et les trois symétries par rapport à trois axes deux à deux perpendiculaires. Si l'on rajoute les symétries par rapport aux trois plans deux à deux perpendiculaires définis par ces trois axes, on obtient un nouveau groupe d'ordre 8, qui n'est ni le groupe cyclique, ni le groupe diédral, ni l'hyperoctaèdre... car il est commutatif et tout élément x de ce groupe vérifie : $x.x = 1$, si l'on appelle 1 l'identité, élément neutre du groupe.

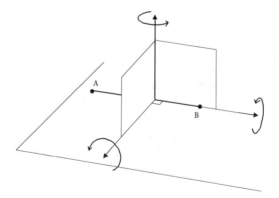

FIGURE 3.7. ROTATIONS ET GROUPE DE KLEIN

Le groupe de Klein est le groupe diédral d'ordre 4 (groupe des symétries et rotations du plan laissant invariant le segment AB). C'est aussi le groupe formé par l'identité et les symétries axiales par rapport à trois axes de l'espace deux à deux perpendiculaires. Le groupe engendré par les symétries de l'espace par rapport à trois plans perpendiculaires deux à deux n'est ni cyclique, ni diédral, et ce n'est pas non plus l'hyperoctaèdre.

Mais on n'a pas développé toute cette théorie pour le seul hyperoctaèdre : il existe d'autres hyperpolyèdres qui sont des groupes de quaternions, et s'identifient donc à des groupes de rotations axiales de l'espace de dimension 3. À commencer par l'hypergranatoèdre. Et visualiser la structure géométrique de l'hypergranatoèdre aide à visualiser la structure du groupe de quaternions correspondant.

L'hypergranatoèdre

Pour prouver qu'un ensemble G de quaternions est un groupe multiplicatif, il suffit de prouver que le produit de deux éléments quelconques de G appartient à G, que l'élément neutre 1 appartient à G, et que l'inverse d'un élément quelconque de G appartient à G. Or notre hypergranatoèdre est, nous l'avons vu, la réunion de trois hyperoctaèdres : l'un de sommets $\{1, i, j, k, -1, -i, -j, -k\}$, un autre de sommets $\{v, vi, vj, vk, -v, -vi, -vj, -vk\}$ si l'on pose $v = (1+i+j+k)/2$, et le troisième de sommets $\{v^2, v^2i, v^2j, v^2k, -v^2, -v^2i, -v^2j, -v^2k\}$. Si l'on remarque que $iv = vk$, $jv = vi$, $kv = vj$, et $v^3 = -1$, il est facile, en utilisant l'associativité de la multiplication, de voir que le produit de deux quelconques de ces 24 éléments de G appartient à G : par exemple, $(vi)(v^2i) = v(iv)(vi) = v(vk)(vi) = v^2(kv)i = v^2(vj)i = v^3(ji) = k$ car $ji = -k$. L'inverse de v est $-v^2$, l'inverse de vi est $(-i)(-v^2) = iv^2 = vkv = v^2j$ (plus généralement, dans n'importe quel groupe, l'inverse d'un produit ab est $(ab)^{-1} = b^{-1}a^{-1}$, car $(ab)(b^{-1}a^{-1}) = a(bb^{-1})a^{-1} = aa^{-1} = 1$), et ce procédé montre bien que tous les produits et tous les inverses d'éléments de G appartiennent à G.

L'hypergranatoèdre ayant 24 éléments (sommets), G est un groupe d'ordre 24. G possède un sous-groupe d'ordre 8 (l'hyperoctaèdre contenant le point 1), donc trois sous-groupes d'ordre 4 (les trois sections carrées de diagonale $\{1, -1\}$) ; il ne possède pas de sous-groupe isomorphe au groupe de Klein, ni au groupe symétrique S_3, car le groupe de Klein et le groupe symétrique S_3 ont chacun trois « éléments d'ordre 2 », c'est-à-dire trois éléments x autres que $x = 1$ vérifiant $x^2 = x.x = 1$, alors que le seul quaternion d'ordre 2 est -1. En effet, si un quaternion n'est pas sur l'axe des réels, ce quaternion et l'axe des réels définissent un plan, isomorphe au corps des nombres complexes, et dans le corps des nombres complexes, l'équation $x^2 = 1$ a pour uniques racines 1 et -1.

Par contre, l'hypergranatoèdre G possède huit sous-groupes cycliques d'ordre 6 : l'hyperplan $t = 1/2$ (ensemble des points dont la composante réelle est 1/2) coupe G selon un cube. Considérons l'un quelconque des sommets de ce cube, par exemple v. Le plan contenant 1, -1 et v a la même structure que le plan complexe. Ce plan contient six sommets de G, 1, v, $v^2 = v - 1$, $v^3 = -1$, $v^4 = -v$, et $v^5 = -v+1$, qui sont les six sommets d'un hexagone régulier, et constituent un groupe cyclique d'ordre 6 de quaternions. Et ceci vaut, bien

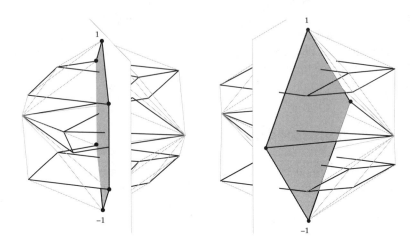

FIGURE 3.8. SOUS-GROUPES CYCLIQUES DE L'HYPERGRANATOÈDRE

Chaque plan vertical (passant par 1 et −1) passant par un sommet d'une couche cubique de l'hypergranagoèdre G contient six sommets de G qui constituent un sous-groupe cyclique d'ordre 6. Chaque plan vertical passant par un sommet de la couche octaédrique de G contient quatre sommets qui constituent un sous-groupe cyclique d'ordre 4.

évidemment, pour chacun des huit sommets du cube. D'ailleurs, l'hypergranatoèdre que nous avons défini ci-dessus n'est pas le seul qui soit un groupe multiplicatif de quaternions : tous les hypergranatoèdres ayant pour sommets diamétralement opposés 1 et −1, quelle que soit la manière dont je les pivote autour de cet axe, sont des groupes multiplicatifs de quaternions. Ceci étant lié au fait que tous les plans contenant la droite réelle sont isomorphes au corps des nombres complexes.

Mais puisqu'on parle de pivotement, quel lien peut-on faire entre l'hypergranatoèdre et le groupe des rotations de l'espace de dimension 3 ? Le groupe des rotations de l'espace de dimension 3 autour d'un axe passant par l'origine s'identifie, rappelons-le, au groupe quotient du groupe multiplicatif des quaternions non nuls par le sous-groupe des réels non nuls. Plus concrètement, en ce qui concerne notre sous-groupe G constitué par les 24 sommets de l'hypergranatoèdre, la relation de proportionnalité y définit 12 classes contenant chacune deux sommets diamétralement opposés. Ce groupe quotient de 12 classes s'identifie à un groupe de 12 rotations de l'espace de dimension 3, que nous pouvons décrire : à chaque classe $\pm (\cos \theta + u.\sin \theta)$ correspond la rotation d'angle 2θ autour du vecteur $\vec{u}$ ou, ce qui revient au même, la rotation d'angle -2θ autour du vecteur $-\vec{u}$, donc à la classe $\{1, -1\}$ correspond l'identité. Aux classes $\{v, -v\}$, $\{vi, -vi\}$, $\{vj, -vj\}$, $\{vk, -vk\}$, $\{v^2, -v^2\}$, $\{v^2i, -v^2i\}$, $\{v^2j, -v^2j\}$, $\{v^2k, -v^2k\}$ correspondent les huit rotations d'un tiers de tour autour des

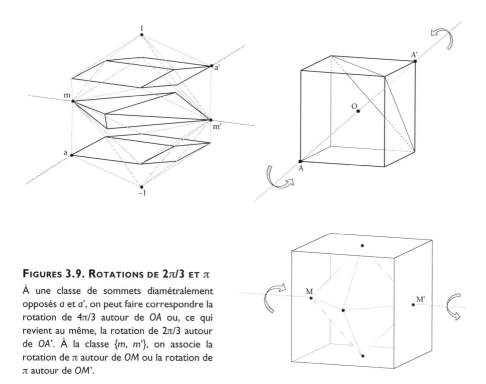

FIGURES 3.9. ROTATIONS DE 2π/3 ET π

À une classe de sommets diamétralement opposés *a* et *a*', on peut faire correspondre la rotation de 4π/3 autour de *OA* ou, ce qui revient au même, la rotation de 2π/3 autour de *OA*'. À la classe {*m*, *m*'}, on associe la rotation de π autour de *OM* ou la rotation de π autour de *OM*'.

grandes diagonales d'un cube (car les sommets de partie réelle 1/2 forment un cube, et ceux diamétralement opposés, de partie réelle –1/2, forment un cube identique : ce sont les cellules supérieure et inférieure d'un hypercube). Enfin, aux classes {*i*, –*i*}, {*j*, –*j*} et {*k*, –*k*} correspondent les trois rotations d'angle π (donc les symétries axiales) autour des diagonales de l'octaèdre médian (octaèdre situé dans l'hyperplan de partie réelle nulle).

En définitive, si l'on regarde comment sont positionnés l'octaèdre médian et les sections cubiques de l'hypergranatoèdre (les diagonales de l'octaèdre médian passent par les centres des faces du cube), on voit que le groupe quotient ci-dessus s'identifie au groupe des rotations laissant invariant un « demi-cube » (tétraèdre inscrit, dont les sommets sont la moitié des sommets du cube). Ce n'est pas tout-à-fait le groupe des rotations laissant invariant le cube : ce dernier contient en outre 12 rotations de π/2 ou 3π/2 autour des axes passant par les centres des faces, et il n'y a pas de sommet de l'hypergranatoèdre de partie réelle cos π/4 ou cos 3π/4. Parmi les rotations laissant invariantes un cube, la moitié laissent invariants chacun des deux demi-cubes (tétraèdres inscrits), l'autre moitié échangent ces deux demi-cubes.

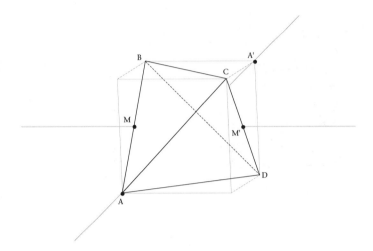

FIGURE 3.10. ROTATIONS DU DEMI-CUBE

Ces rotations de $2\pi/3$ et π sont en définitive les rotations qui laissent invariant le demi-cube ou tétraèdre *ABCD*, et qui s'identifient aux permutations positives des quatre sommets *A, B, C, D.*

Par contre, le groupe des rotations laissant invariantes un tétraèdre s'identifie au groupe alterné A_4 des permutations positives de quatre éléments (en l'occurrence : les quatre sommets du tétraèdre). Une permutation se décompose en un produit de transpositions, c'est-à-dire de permutations qui échangent deux éléments en laissant les autres invariants, et une permutation est dite positive si elle est le produit d'un nombre pair de transpositions. Les 12 éléments de A_4 sont donc : l'identité, les huit permutations laissant invariant un des quatre éléments et faisant tourner les trois autres dans un sens ou dans l'autre, qui correspondent aux rotations de $2\pi/3$ ou $4\pi/3$ autour des grandes diagonales du cube (dont une extrémité est un sommet du tétraèdre), et les trois permutations échangeant deux à deux les quatre éléments, qui correspondent aux symétries axiales autour des trois axes de symétrie du tétraèdre.

Notre hypergranatoèdre, groupe d'ordre 24, admet donc pour groupe quotient d'ordre 12 le groupe des rotations du tétraèdre, qui n'est autre que le groupe alterné A_4. Mais il n'admet pas A_4 comme sous-groupe, car A_4 possède 3 éléments d'ordre 2 et l'hypergranatoèdre n'en possède qu'un. A_4 est sous-groupe du groupe symétrique S_4 de toutes les permutations de quatre éléments, et le groupe des rotations du tétraèdre est sous-groupe du groupe des rotations du cube : S_4 et le groupe des rotations du cube ont chacun 24 éléments, tous deux ont un sous-groupe en commun, mais ils ne sont pas isomorphes, il existe 3 rotations du cube d'ordre 2 (les symétries axiales) alors qu'il existe 9 permutations d'ordre 2 (dont 6 transpositions). En s'efforçant de bien visualiser la structure de ces différents groupes d'ordre 24, on peut étudier de manière plus concrète la signification des notions de sous-groupe et groupe quotient notamment, ainsi que diverses propriétés des groupes sur lesquelles nous ne nous attarderons pas plus longtemps.

Les autres hyperpolyèdres

Hormis les trois hyperpolyèdres que nous venons d'étudier en détails, l'hypercube, l'hyperoctaèdre et l'hypergranatoèdre, existe-t-il d'autres hyperpolyèdres réguliers ? Bien sûr. Par exemple l'hypertétraèdre : une base tétraédrique, un sommet, et quatre autres cellules tétraédriques joignant le sommet aux quatre faces de la base tétraédrique, donc en définitive cinq sommets deux à deux voisins et cinq cellules tétraédriques deux à deux contiguës. Tout comme l'hypercube et l'hyperoctaèdre, l'hypertétraèdre se généralise à un espace de dimension quelconque. Mais l'espace de dimension 4 possède d'autres hyperpolyèdres réguliers, bien plus intéressants, et il est temps d'en établir la liste exhaustive. Comment ?

Commençons par nous poser la même question dans l'espace de dimension 3. Les faces d'un polyèdre régulier doivent être des polygones réguliers, triangles équilatéraux, carrés, pentagones réguliers... Chaque sommet doit appartenir à au moins trois faces, et la somme des angles en chaque sommet doit être strictement inférieure à 360° : comme un triangle équilatéral a des angles de 60°, un sommet peut appartenir à trois triangles équilatéraux (tétraèdre), quatre triangles équilatéraux (octaèdre) ou cinq triangles équilatéraux (icosaèdre), mais pas davantage. Un carré ayant des angles de 90°, un sommet peut appartenir à trois carrés (cube) et pas davantage. Un pentagone ayant des angles de 108°, un sommet peut appartenir à trois pentagones (dodécaèdre) et pas davantage. Tous les autres polygones réguliers ayant des angles au moins égaux à 120°, la liste des polyèdres réguliers s'arrête à ces cinq solides platoniciens. Le dual d'un polyèdre dont chaque sommet appartient à cinq faces est un polyèdre dont chaque face admet cinq sommets, de sorte que nos cinq polyèdres se groupent en trois familles, le tétraèdre, qui fait bande à part car il est son propre dual, le cube et l'octaèdre, le dodécaèdre et l'icosaèdre.

Reste à faire la même chose dans l'espace de dimension 4. La cellule d'un hyperpolyèdre régulier est elle-même un polyèdre régulier, donc un tétraèdre, un cube, un octaèdre, un dodécaèdre ou un icosaèdre. Autour d'une arête de l'hyperpolyèdre, on a un certain nombre de cellules, mais la somme des angles des faces de ces polyèdres doit être inférieure à 360°.

Or l'angle de deux faces d'un tétraèdre est de 70° 32' environ, on peut donc placer trois, quatre ou cinq tétraèdres autour d'une arête, ce qui donne *a priori* trois hyperpolyèdres possibles. L'angle des faces d'un cube est 90°, on

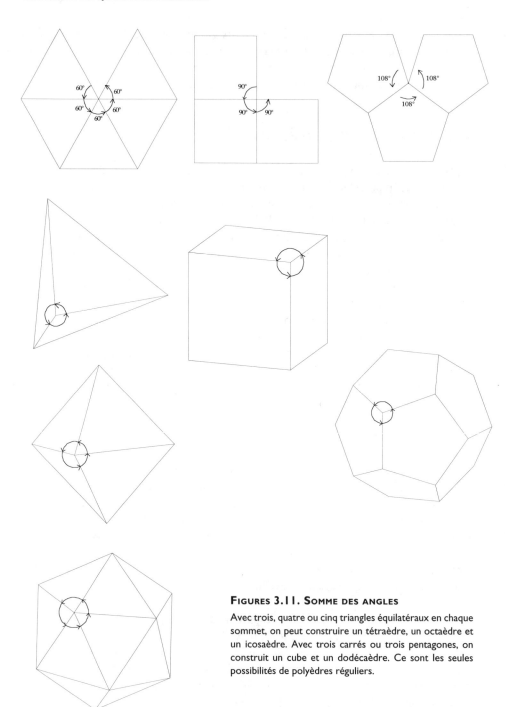

Figures 3.11. Somme des angles

Avec trois, quatre ou cinq triangles équilatéraux en chaque sommet, on peut construire un tétraèdre, un octaèdre et un icosaèdre. Avec trois carrés ou trois pentagones, on construit un cube et un dodécaèdre. Ce sont les seules possibilités de polyèdres réguliers.

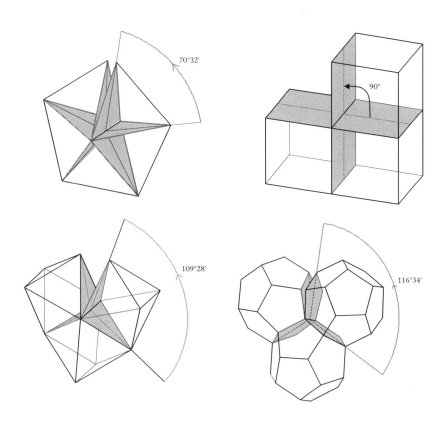

FIGURES 3.12. SOMME DES ANGLES (SUITE)

De même, en dimension supérieure, l'angle des faces du tétraèdre (70°32') permet de placer 3, 4 ou 5 tétraèdres autour d'une arête, ce qui autorise l'existence de trois hyperpolyèdres réguliers : l'hypertétraèdre, l'hyperoctaèdre et un qu'il nous reste à construire, l'hypericosaèdre. On peut aussi placer trois cubes, trois octaèdres et trois dodécaèdres autour d'une arête, d'où trois autres possibilités d'hyperpolyèdres réguliers : l'hypercube, l'hypergranatoèdre, et enfin l'hyperdodécaèdre que nous n'avons pas encore étudié.

ne peut placer que trois cubes autour d'une arête, cela donne bien évidemment l'hypercube. L'angle des faces d'un octaèdre et d'un dodécaèdre étant, respectivement, 109° 28' et 116° 34', donc inférieur à 120°, on peut également placer trois octaèdres ou trois dodécaèdres autour d'une arête, ce qui porte à six le nombre d'hyperpolyèdres possibles. Et il ne peut pas y en avoir d'autres car l'angle des faces d'un icosaèdre est supérieur à 138°, il n'existe pas d'hyperpolyèdre régulier ayant des faces icosaédriques.

Reste à prouver que ces six hyperpolyèdres existent bien. Avec trois cellules tétraédriques autour de chaque arête, nous avons l'hypertétraèdre : cinq sommets, cinq cellules, dix arêtes et dix faces. Si on le dessine, on peut avoir

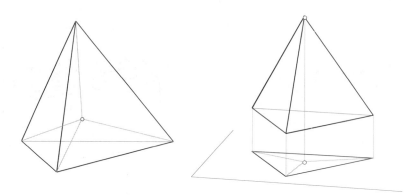

FIGURE 3.13. HYPERTÉTRAÈDRE

De même que le tétraèdre se projette sur un plan selon un triangle et le centre de ce triangle, l'hypertétraèdre se projette en dimension 3 selon un tétraèdre et le centre de ce tétraèdre; mais ce centre est la projection d'un sommet qui n'appartient pas au même hyperplan que la base tétraédrique.

l'impression que le cinquième sommet est le centre du tétraèdre formé par les quatre autres, mais en réalité ce cinquième sommet est décalé dans la quatrième dimension, le dessin représente une projection de l'hypertétraèdre dans l'espace de dimension 3, et le cinquième sommet se projette effectivement au centre du tétraèdre formé par les quatre autres, tout comme si l'on projette un tétraèdre sur un plan parallèle à une face triangulaire, le quatrième sommet se projette effectivement au centre du triangle. Comme dans le cas du tétraèdre, deux sommets quelconques déterminent une arête, trois sommets quelconques déterminent une face, quatre sommets quelconques déterminent une cellule. L'hypertétraèdre est son propre dual, et il fait bande à part parmi les hyperpolyèdres, c'est le plus simple et le plus banal, nous ne nous y attarderons guère.

Avec trois cellules cubiques autour de chaque arête, nous avons bien sûr l'hypercube. Lui et son dual, l'hyperoctaèdre (quatre cellules tétraédriques autour de chaque arête) ont déjà été longuement étudiés. Nous connaissons encore un quatrième hyperpolyèdre régulier : l'hypergranatoèdre, avec trois cellules octaédriques autour de chaque arête.

Mais il nous en manque deux : celui ayant cinq cellules tétraédriques autour de chaque arête, que nous appellerons l'hypericosaèdre (car l'icosaèdre a cinq faces triangulaires autour de chaque sommet), et celui ayant trois cellules dodécaédriques autour de chaque arête, que nous appellerons l'hyperdodé-caèdre car le dodécaèdre a trois faces pentagonales autour de chaque sommet. Existent-ils, et comment les construire ?

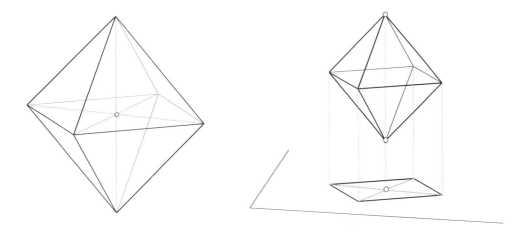

FIGURE 3.14. L'HYPEROCTAÈDRE

Comme dans le cas de l'octaèdre projeté sur un plan, si l'on projette en dimension 3 un hyperoctaèdre perpendiculairement à une diagonale, les deux sommets de la diagonale se projettent au même point, centre de l'octaèdre formé par les six autres projections. Autour de chaque arête de l'hyperoctaèdre nous avons quatre cellules tétraédriques.

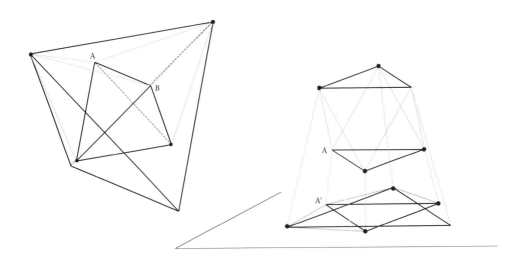

Tout comme il existe d'autres projections possibles de l'octaèdre (à droite : parallèlement à une face), il existe d'autres projections possibles de l'hyperoctaèdre : à gauche, parallèlement à une cellule. Autour de l'arête AB on trouve encore quatre cellules tétraédriques tout comme, dans le cas de l'octaèdre, autour d'un sommet A on trouve quatre faces triangulaires.

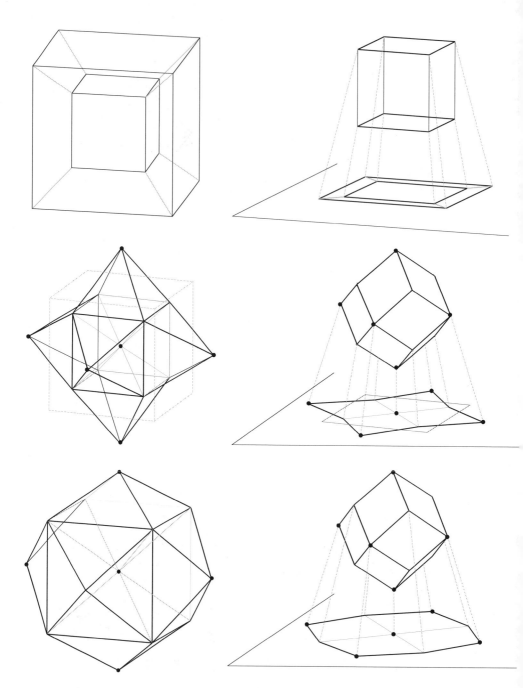

FIGURES 3.15. L'HYPERCUBE ET L'HYPERGRANATOÈDRE

La projection de l'hypercube est classique, mais pour l'hypergranatoèdre, comme dans le cas du granatoèdre, il convient de décomposer en deux figures la projection : la partie supérieure et la partie inférieure se projettent chacune selon six octaèdres. Les extrémités de la diagonale verticale se projettent au même point. Il reste douze octaèdres latéraux, qui ne sont pas dessinés (pour soulager la figure), mais qu'on peut reconstruire mentalement sur la figure du haut : chacun est formé par une arête du cube intérieur, l'arête correspondante du cube extérieur (en pointillés), et les deux points noirs voisins.

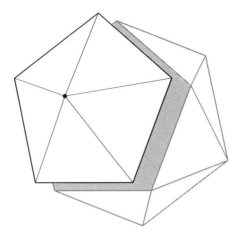

FIGURE 3.16. CALOTTE D'UN ICOSAÈDRE

La calotte d'un icosaèdre – le polygone formé par les voisins d'un sommet donné – est un pentagone régulier.

C'est là qu'il faut faire intervenir la notion de calotte définie à propos de l'hypergranatoèdre comme l'ensemble des sommets voisins d'un sommet donné. La calotte d'un hyperdodécaèdre et d'un hypericosaèdre (s'ils existent) peut être déterminée à partir des seuls éléments dont nous disposons pour l'instant, et cela nous mettra sur une piste pour construire ces deux nouveaux hyperpolyèdres. Autour de chaque arête de l'hyperdodécaèdre, on a trois faces dodécaèdriques. Or la calotte d'un dodécaèdre est un triangle équilatéral, car chaque sommet du dodécaèdre appartient à trois arêtes, donc admet trois voisins. On en déduit que la calotte de l'hyperdodécaèdre est un polyèdre régulier où chaque sommet appartient à trois faces triangulaires : c'est donc un tétraèdre.

Mais autour de chaque arête de l'hypericosaèdre, on a par définition cinq faces tétraédriques. La calotte d'un tétraèdre est encore un triangle équilatéral, mais la calotte de l'hypericosaèdre est un polyèdre régulier dont chaque sommet appartient à cinq faces triangulaires : c'est un icosaèdre. Pour construire un hypericosaèdre, il va donc falloir faire apparaître ces calottes icosaédriques, ce qui nécessite d'approfondir un peu notre concept d'icosaèdre.

L'hypericosaèdre

Pour construire un hypericosaèdre, il faut tout d'abord construire un icosaèdre. Et pour cela, plusieurs possibilités : on peut par exemple partir d'un prisme à base pentagonale, le tordre de sorte que les 5 faces carrées soient remplacées par 10 faces triangulaires équilatérales (ce qui donne un *antiprisme*), et rajouter un sommet de part et d'autre, définissant chacun, avec les cinq côtés des bases pentagonales, cinq nouvelles faces triangulaires équilatérales, soit en tout 20 faces pour 12 sommets et, donc, 30 arêtes : 10 des bases pentagonales, 10 reliant entre elles les bases pentagonales, et 10 les joignant aux deux autres sommets. Ceci met en évidence la calotte pentagonale de l'icosaèdre.

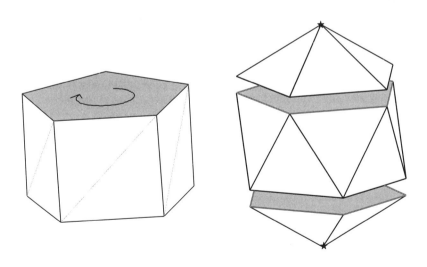

FIGURE 4.1. ICOSAÈDRE À CALOTTE

Une manière de construire un icosaèdre consiste à tordre un prisme à base pentagonale, pour en faire un anti-prisme, et à lui ajouter deux sommets « étoilés » de part et d'autre.

Mais on peut aussi construire un icosaèdre en plaçant un sommet sur chacune des 12 arêtes d'un octaèdre, ou, ce qui revient presque au même, deux sommets sur chacune des 6 faces d'un cube. Considérons un octaèdre inscrit dans un cube. Agrandissons progressivement l'octaèdre : ses arêtes couperont en quatre points chacune des faces du cube. Ces 24 points sont les sommets d'un octaèdre tronqué que nous appellerons ω, avec six faces carrées (une sur chaque face du cube), et huit faces hexagonales (une sur chaque face de l'octaèdre). Au début, les faces carrées sont petites et les faces hexagonales ont trois petits côtés et trois grands côtés. Puis les hexagones deviennent réguliers, et le solide ainsi obtenu est l'un des 13 solides archimédiens ou semi-réguliers, qu'on nomme précisément « octaèdre tronqué » ω_1. Si l'on continue, les côtés des carrés deviennent les grands côtés des hexagones, les autres diminuent jusqu'à devenir nuls, les hexagones sont alors des triangles équilatéraux et nous avons là un autre solide archimédien : le cuboctaèdre ω_3.

Maintenant, colorions les sommets de cet octaèdre tronqué en blanc et en noir, de sorte que deux sommets reliés par une arête ne soient pas de la même couleur : c'est ainsi que nous avons construit précédemment le demi-cube (ou tétraèdre) et le demi-hypercube (ou hyperoctaèdre). Observons l'évolution du « demi octaèdre-tronqué blanc » ω' ainsi défini : sur chacune des huit faces de l'octaèdre se trouvera une face de ω', en forme de triangle équilatéral (ses côtés seront des diagonales des faces hexagonales de ω). Les 12 arêtes de l'octaèdre s'ouvriront progressivement, donnant naissance à 12 autres triangles, d'abord très effilés, puis de plus en plus large. À l'octaèdre tronqué ω_1, d'arête a, correspondront des triangles isocèles dont les deux côtés égaux valent $a\sqrt{3}$ et la base vaut $a\sqrt{2}$.

Continuons ainsi : ces triangles finiront par être équilatéraux, pour s'élargir encore et devenir rectangles lorsque ω atteindra la position ω_3 du cuboctaèdre. Mais ce qui nous intéresse, c'est la position intermédiaire où ces 12 triangles sont équilatéraux et où le solide ω'_2 ainsi défini a donc 20 faces en forme de triangle équilatéral. ω'_2 est un icosaèdre, car chacun de ses 12 sommets appartient à 5 faces triangulaires équilatérales. Un calcul assez élémentaire prouve que chacun des sommets de ω'_2 divise l'arête à laquelle il appartient selon le nombre d'or : ce nombre d'or, $\Phi = (\sqrt{5}+1)/2$, joue un rôle très important tant pour l'icosaèdre que pour l'hypericosaèdre ou même, plus simplement, pour le pentagone, puisque c'est le rapport entre la diagonale et le côté du pentagone.

Où trouve-t-on des octaèdres dans l'espace de dimension 4 ? Par exemple dans un hypergranatoèdre, qui possède 24 cellules octaédriques. À l'intérieur de chacune de ces 24 cellules octaédriques, construisons ainsi un icosaèdre : nous verrons apparaître 24 calottes d'hypericosaèdre, et il suffira d'ajouter 24 points pour compléter l'hypericosaèdre. En d'autres termes, tout comme

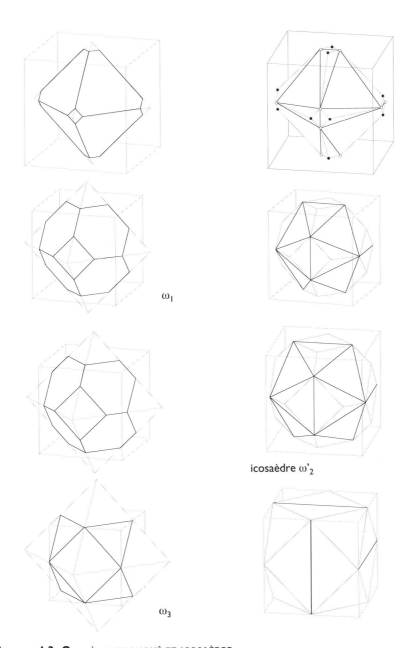

ω_1

icosaèdre ω'_2

ω_3

FIGURES 4.2. OCTAÈDRE TRONQUÉ ET ICOSAÈDRE

À l'intersection d'un octaèdre et d'un cube, on trouve un octaèdre tronqué. La deuxième figure, ω_1, est l'octaèdre tronqué archimédien (ou semi-régulier), dont les faces hexagonales sont des hexagones réguliers, et la quatrième, ω_3, est un cuboctaèdre, lui aussi archimédien, mais c'est la troisième qui nous intéresse davantage, car si l'on trace le « demi octaèdre-tronqué » en ne prenant en compte que la moitié des sommets de l'octaèdre tronqué, ce qui revient à déplacer un sommet sur chaque arête de l'octaèdre, le troisième volume, ω'_2, est un icosaèdre régulier, dont toutes les faces sont des triangles équilatéraux.

79

la construction de l'icosaèdre peut se faire en tordant un prisme à base pentagonale et en ajoutant deux points de part et d'autre de chaque calotte pentagonale, nous allons construire l'hypericosaèdre en tordant l'hypergranatoèdre et en ajoutant un nouveau sommet pour chaque calotte icosaédrique ainsi définie. La première opération donnera un hypersolide que nous appellerons J', la seconde, un hypericosaèdre que nous appellerons J.

Construisons l'hypericosaèdre

Commençons par étudier la faisabilité de cette construction, et les propriétés de l'hypersolide J' et de l'hypericosaèdre J ainsi obtenus. Pour construire un icosaèdre à partir d'un octaèdre, il faut que les 12 sommets du nouveau solide parcourent les 12 arêtes de l'icosaèdre dans un sens bien défini : si ABC est une face de l'octaèdre, il faudra parcourir les arêtes AB, BC, CA de A vers B, de B vers C et de C vers A, ou bien dans l'autre sens : de A vers C, de C vers B et de B vers A. En d'autres termes, si l'on colorie en blanc, noir et gris les sommets de l'octaèdre de sorte que deux sommets voisins ne soient jamais de la même couleur (c'est possible car l'octaèdre a six sommets, deux à deux diamétralement opposés donc de même couleur), il faudra parcourir les arêtes d'un point blanc vers un point noir, d'un point noir vers un point gris et d'un point gris vers un point blanc (ou inversement).

Or la même chose peut être faite avec l'hypergranatoèdre. Rappelons que l'hypergranatoèdre est la réunion de trois hyperoctaèdres. On peut colorier en blanc les sommets de l'un de ces hyperoctaèdres, en noir les sommets d'un autre, et en gris les sommets du troisième. Deux sommets de même couleur appartiendront à un même hyperoctaèdre, dont les arêtes sont plus grandes que les arêtes de l'hypergranatoèdre, ces deux sommets de même couleur sont donc trop éloignés pour appartenir à la même face triangulaire de l'hypergranatoèdre : par suite, chacune de ces 96 faces triangulaires aura un sommet blanc, un sommet noir et un sommet gris. On peut donc parcourir chacune des 96 arêtes en allant toujours d'un point blanc vers un point noir, d'un noir vers un gris ou d'un gris vers un blanc. Que donne cette construction ?

La calotte de l'hypergranatoèdre est un cube, donc d'un sommet A quelconque de l'hypergranatoèdre partent huit arêtes (*cf.* figure 4.3 pages 82–83). Quatre d'entre elles seront parcourues vers A, les quatre autres à partir de A. Les quatre points qui partent de A (dont B) définiront une cellule de J' en forme de petit tétraèdre régulier s'agrandissant progressivement. À chacune des quatre faces de ce petit tétraèdre correspondra un sommet de J' qui se rapproche de A, et qui formera, avec cette petite face triangulaire équilatérale, une nouvelle cellule de J' en forme de tétraèdre effilé : il y aura autant de tétraèdres effilés que d'arêtes de l'hypergranatoèdre. Enfin, les autres cellules de J' seront les 24 solides ω' intérieurs à chacune des 24 cellules octaédriques de l'hypergranatoèdre G.

Il faut bien voir que chacune des 24 cellules octaédriques de G appartient à un hyperplan, et à ce même hyperplan appartient le solide ω' ainsi défini. Par contre, les 24 petits tétraèdres (correspondant aux 24 sommets de G) et les 96 tétraèdres effilés (correspondant aux 96 arêtes de G) appartiennent chacun à un hyperplan distinct, et distinct des hyperplans contenant les cellules de G. Notre construction tronque les sommets de G et rabote ses arêtes. Si nous poursuivons jusqu'à ce que les 24 solides ω' soient tous des icosaèdres, les 96 tétraèdres effilés (que nous appellerons désormais « tétraèdres d'arête ») et les 24 petits tétraèdres (que nous les appellerons « tétraèdres de sommet »), deviendront 120 tétraèdres réguliers égaux. J' aura 24 cellules icosaédriques et 120 cellules tétraédriques.

La distance du centre de l'icosaèdre à chacun de ses sommets étant plus petite que l'arête de l'icosaèdre, en s'éloignant de l'hyperplan de ω' on atteint un point dont la distance à chacun des sommets de ω' est précisément égale à l'arête de l'icosaèdre, si bien qu'en ajoutant ces 24 points (que je qualifierai désormais d'« étoilés ») aux 96 situés sur les arêtes de l'hypergranatoèdre G, on transforme J' en un solide J ayant 120 sommets, 600 cellules tétraédriques (chacun des 24 points étoilés en définit 20, en plus des 120 précédentes), 1200 faces triangulaires (chaque cellule tétraédrique en a 4, et chaque face triangulaire appartient à deux cellules) donc 720 arêtes (puisque $s - a + f - c = 0$).

En fait, dans notre construction, il existe deux types d'arêtes : celles joignant un point étoilé à un sommet de J', et les arêtes de J'. Les premières sont au nombre de $12 \times 24 = 288$, car il y a 24 points étoilés, reliés chacun à 12 sommets d'un icosaèdre. Les arêtes de J' sont toutes des arêtes d'un icosaèdre de J', mais parmi les 30 arêtes d'un icosaèdre ω', $3 \times 8 = 24$ sont sur les faces de l'octaèdre et appartiennent donc à deux icosaèdres et un tétraèdre d'arête, les six autres appartiennent à un tétraèdre de sommet, l'icosaèdre et deux tétraèdres d'arête. Il y a donc $(24 \times 24)/2 = 288$ arêtes appartenant à deux icosaèdres, et $24 \times 6 = 144$ arêtes n'appartenant qu'à un seul icosaèdre. On retrouve ainsi les 720 arêtes de l'hypericosaèdre J. Mais cela prouve en outre que chacune de ces arêtes appartient à cinq cellules tétraédriques : celles joignant un point étoilé à un sommet de J', du fait que ce sommet de J' appartient à cinq faces triangulaires de l'icosaèdre ; celles appartenant à un icosaèdre, deux tétraèdres d'arêtes et un tétraèdre de sommet, du fait qu'elles appartiennent à deux faces triangulaires de l'icosaèdre qui, jointes au point étoilé, définissent deux cellules tétraédriques de J ; et celles appartenant à deux icosaèdres et un tétraèdre de sommet, du fait qu'elles appartiennent à deux faces triangulaires de chaque icosaèdre.

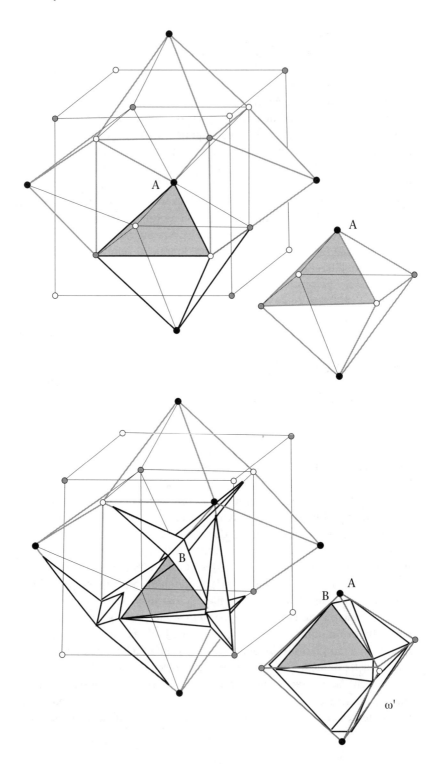

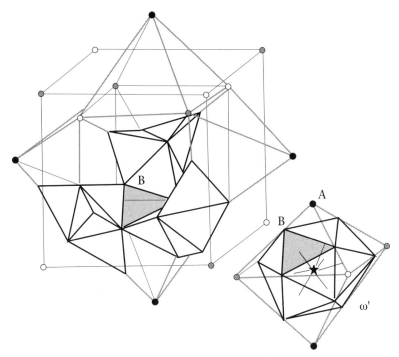

FIGURES 4.3. CONSTRUCTION DE L'HYPERICOSAÈDRE

En déplaçant de la même manière un sommet sur chaque arête de l'hypergranatoèdre, on forme autour de chaque sommet un petit tétraèdre régulier, autour de chaque arête un tétraèdre effilé et à l'intérieur de chaque cellule octaédrique un demi octaèdre-tronqué. Lorsque ce point *B* partage l'arête selon le nombre d'or, tous les tétraèdres sont égaux, les demi octaèdres-tronqués sont des icosaèdres et il suffit d'adjoindre à chacun un sommet étoilé pour former un hypericosaèdre.

FIGURE 4.4. CALOTTE DE B

La calotte de l'hypericosaèdre J est un icosaèdre : si le sommet *B* est sur une arête de l'hypergrana-toèdre G de départ, il appartient à trois octaèdres de G, donc à trois icosaèdres de J', et a sur chacun d'eux un pentagone de voisins. Plus les trois sommets étoilés ajoutés à l'intérieur de ces icosaèdres, cela fait bien un icosaèdre de voisins.

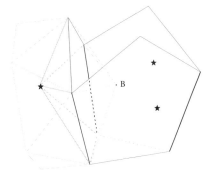

83

J est bien l'hypericosaèdre régulier que nous cherchions, et chaque sommet de J définit une calotte en forme d'icosaèdre : c'est évident pour les 24 sommets étoilés, qu'en est-il pour les 96 autres ? Soit B l'un d'entre eux (*cf.* figure 4.4 p. 83). L'arête de l'hypergranatoèdre G sur laquelle se trouve B appartient à trois cellules octaédriques de G, donc B appartient à trois icosaèdres de J'. Sur chacun de ces icosaèdres, ses voisins sont cinq sommets de J, en forme de pentagone, mais ces sommets ne sont pas tous distincts : deux icosaèdres ayant B pour sommet ont en commun une face triangulaire, donc B et deux de ses voisins. Les trois pentagones ont donc deux à deux une arête commune : ils définissent en fait neuf voisins distincts. À quoi s'ajoutent les trois points étoilés correspondant aux trois icosaèdres, cela fait bien douze voisins disposés en icosaèdre.

Découpons l'hypericosaèdre

Mais ce même hypericosaèdre peut être vu sous d'autres angles : notamment, comme nous l'avons fait pour l'hypercube, nous pouvons le découper perpendiculairement à une grande diagonale, en recherchant les calottes icosaédriques à travers les différentes couches de sommets. Partons d'un sommet quelconque Q (que nous appellerons « pôle nord ») : les points voisins de Q, la première couche de sommets, constituent un icosaèdre, la calotte de ce sommet, que nous appellerons l'icosaèdre polaire nord. Chacune des faces de cet icosaèdre appartient à deux cellules tétraédriques, l'une de sommet Q, les autres définissant 20 nouveaux sommets de J : ils appartiennent à une même couche et forment un dodécaèdre, dual de l'icosaèdre. Nous avons là deux couches de J, et nous savons que la calotte d'un sommet quelconque de J est un icosaèdre : si A est un point de la première couche, il a pour voisins Q, ses cinq voisins sur l'icosaèdre polaire nord, auquel il appartient, cinq autres voisins sur la seconde couche (une face du dodécaèdre) et un douzième voisin sur une nouvelle couche, nécessairement en forme d'icosaèdre plus grand que l'icosaèdre polaire : nous l'appellerons l'icosaèdre tropical nord.

Le pôle Q et les trois couches ainsi définies contiennent : 1 + 12 + 20 + 12 = 45 sommets ; si l'on ajoute les 45 sommets diamétralement opposés, on constate que l'hypericosaèdre ne contient plus que 30 autres sommets. Or un point de la deuxième couche dodécaédrique a trois voisins sur la première (une face de l'icosaèdre polaire nord), ses trois voisins sur le dodécaèdre auquel il appartient, trois voisins sur la troisième couche (une face de l'icosaèdre tropical nord) et, donc, trois voisins sur une quatrième couche : une face triangulaire de cette nouvelle couche. Les vingt sommets du dodécaèdre

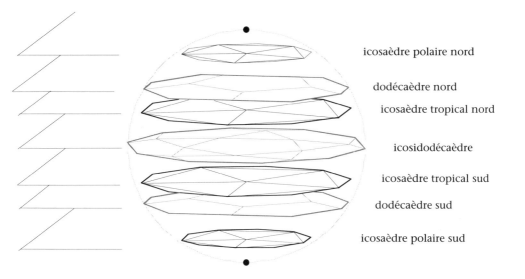

icosaèdre polaire nord

dodécaèdre nord

icosaèdre tropical nord

icosidodécaèdre

icosaèdre tropical sud

dodécaèdre sud

icosaèdre polaire sud

FIGURE 4.5. COUCHES DE L'HYPERICOSAÈDRE

Si l'on découpe un hypericosaèdre par des plans perpendiculaires à une grande diagonale, on trouve successivement 7 couches de sommets, en plus des deux pôles (extrémités de la diagonale). Un sommet de l'icosaèdre polaire a pour voisins : le pôle, ses cinq voisins sur l'icosaèdre polaire, une face pentagonale du dodécaèdre et le sommet homologue de l'icosaèdre tropical. Un sommet du dodécaèdre a pour voisins : une face triangulaire de l'icosaèdre polaire, ses trois voisins sur le dodécaèdre, une face triangulaire de l'icosaèdre tropical et une face triangulaire de l'icosidodécaèdre. Un sommet de l'icosaèdre tropical a pour voisins : son homologue sur l'icosaèdre polaire, une face pentagonale du dodécaèdre, une face pentagonale de l'icosidodécaèdre et le sommet homologue de l'autre icosaèdre tropical. Enfin, un sommet de l'icosidodécaèdre a pour voisins : une arête de chaque dodécaèdre, une arête de chaque icosaèdre tropical et ses quatre voisins sur l'icosidodécaèdre. Chaque sommet a donc pour ensemble de voisins un icosaèdre, mais découpé soit perpendiculairement à une diagonale, soit parallèlement à une face, soit perpendiculairement à un axe de symétrie.

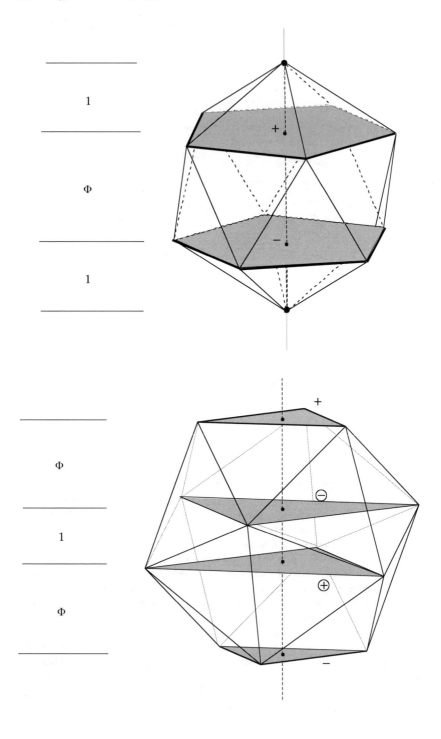

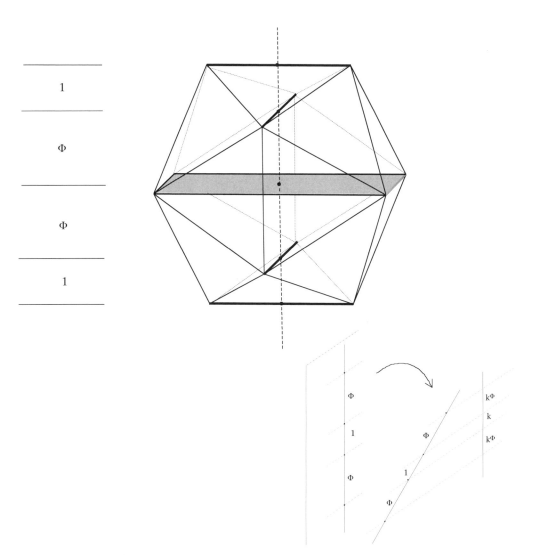

FIGURES 4.6. SECTIONS D'UN ICOSAÈDRE

Si l'on coupe un icosaèdre perpendiculairement à un diamètre, on rencontre : un point, un pentagone, un autre pentagone orienté symétriquement (les signes + et - différencient les orientations) et un point, les distances entre ces points étant proportionnelles à 1, Φ, 1. Si on le coupe parallèlement à une face triangulaire, on trouve un petit triangle, un grand triangle (Φ fois plus grand) négatif (orienté symétriquement), un grand triangle positif et un petit triangle négatif, les distances entre les sections étant proportionnelles à Φ, 1, Φ. Perpendiculairement à un axe de symétrie, on a : une arête, un segment Φ fois plus grand, un rectangle d'or, un grand segment et une arête, avec des distances proportionnelles à 1, Φ, Φ, 1. Si l'on incline l'axe de l'icosaèdre dans la quatrième dimensions, les différences d'altitude des couches ne seront plus les mêmes, mais d'après le théorème de Thalès elles seront toujours proportionnelles à ces valeurs.

définiraient ainsi 20 × 3 = 60 nouveaux sommets, à moins que chacun d'eux n'appartienne à deux faces triangulaires, auquel cas nous avons bien les 30 sommets manquants. Par ailleurs, ces quatre sections triangulaires de la calotte icosaédrique n'ont pas toutes la même orientation : la première est une face de l'icosaèdre tropical, la seconde est orientée symétriquement, comme le triangle joignant les milieux des arêtes de l'icosaèdre, la troisième est orientée comme la première et la quatrième comme la seconde. En définitive, cette couche équatoriale de l'hypericosaèdre est un icosidodécaèdre, polyèdre archimédien dont les 30 sommets sont les milieux des 30 arêtes d'un icosaèdre, et qui possède 20 faces triangulaires et 12 faces pentagonales.

Terminons nos calottes icosaédriques : un point de la troisième couche (icosaèdre tropical nord) a un voisin sur l'icosaèdre polaire nord, cinq sur le dodécaèdre nord, aucun sur l'icosaèdre tropical, dont l'arête est trop grande, mais il en a cinq sur la couche équatoriale (une face pentagonale de l'icosidodécaèdre) et un sur la suivante, l'icosaèdre tropical sud. Et pour finir, un sommet de l'icosidodécaèdre a deux voisins sur le dodécaèdre nord (les deux extrémités de l'arête correspondante), et deux sur le dodécaèdre sud, deux sur l'icosaèdre tropical nord et deux sur l'icosaèdre tropical sud, et quatre, en forme de rectangle d'or, sur l'icosidodécaèdre équatorial : les quatre autres sommets des deux faces triangulaires auxquelles il appartient.

Appelons a l'arête de la calotte icosaédrique (donc de l'hypericosaèdre), et Φ le nombre d'or $(1 + \sqrt{5})/2$. Nous voyons là trois manières de découper cette calotte icosaèdrique (*cf.* figure 4.6 p. 86–87) : perpendiculairement à une grande diagonale, nous rencontrons d'abord un sommet, puis un pentagone d'arête a, un autre pentagone d'arête a, orienté symétriquement, et le douzième sommet ; parallèlement à une face, nous rencontrons d'abord ladite face, un triangle T de côté a, puis un grand triangle, orienté symétriquement de T, de côté Φa, un autre grand triangle, orienté comme T, d'arête Φa, et un dernier triangle d'arête a, symétrique de T. Enfin, perpendiculairement à un axe de symétrie, on rencontre d'abord une arête, de longueur a, puis un segment de longueur Φa, perpendiculaire, un rectangle d'or de côtés a et Φa, un nouveau segment de longueur Φa et une arête de longueur a. On en conclut que les sept couches d'hypericosaèdre définies ci-dessus (mis à part les deux pôles) sont : l'icosaèdre polaire nord, d'arête a, le dodécaèdre nord, d'arête a, l'icosaèdre tropical nord, d'arête Φa, l'icosidodécaèdre équatorial, d'arête a, puis l'icosaèdre tropical sud, le dodécaèdre sud et l'icosaèdre polaire sud. Or le rayon de la sphère dans laquelle est inscrit l'icosidodécaèdre d'arête a vaut Φa : comme cette couche icosidodécaédrique est une couche équatoriale, l'hypersphère a elle aussi pour rayon Φa.

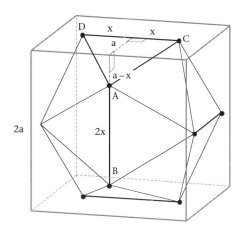

FIGURE 4.7. SPHÈRE CISCONSCRITE À L'ICOSIDODÉCAÈDRE

Si un icosaèdre d'arête $2x$ est inscrit dans un cube d'arête $2a$, la distance $AB = AC$. Or $AC^2 = (a-x)^2 + a^2 + x^2 = AB^2 = 4x^2$ entraîne : $x^2 + ax - a^2 = 0$, soit :

$$x = a\,(-1 + \sqrt{5})/2 = a/\Phi.$$

Or l'icosidodécaèdre, dont les sommets sont les milieux des arêtes de l'icosaèdre, a pour arête x et est inscrit dans une sphère de rayon $a = \Phi x$.

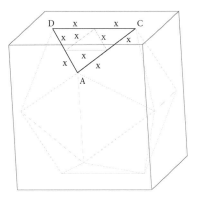

Un peu de calcul permet d'en déduire la position des autres couches, soit en utilisant les rayons des sphères dans lesquelles elles sont inscrites, soit à l'aide du théorème de Thalès : pour une calotte icosaédrique donnée, dont les couches de sommets appartiennent à différentes couches de l'hypericosaèdre, la distance des couches de l'icosaèdre est proportionnelle à la distance des couches de l'hypericosaèdre. Or suivant que l'on découpe un icosaèdre perpendiculairement à une grande diagonale, parallèlement à une face ou perpendiculairement à un axe de symétrie (*cf.* figure 4.6), les distances des couches de sommets sont proportionnelles à $(1, \Phi, 1)$, $(\Phi, 1, \Phi)$ ou $(1, \Phi, \Phi, 1)$. Si maintenant, dans chacune des couches de J, nous atribuons des coordonnées aux sommets des polyèdres en respectant l'orientation de ceux-ci, nous obtenons des coordonnées des 120 sommets de l'hypericosaèdre.

Et on obtient quelque chose d'étonnamment simple : si l'on pose $a = 1/\Phi$, pour que le rayon de l'hypersphère circonscrite soit égal à 1,

- les 24 sommets étoilés de J – qui constituent un hypergranatoèdre car l'hypergranatoèdre est son propre dual – sont :
  — les 8 points (±1, 0, 0, 0) et permutations :
    (0, ± 1, 0, 0), (0, 0, ± 1, 0), (0, 0, 0, ±1), qui forment un hyperoctaèdre,
  — les 16 points (± 1/2, ± 1/2, ± 1/2, ± 1/2), qui forment un hypercube
    (± signifiant que le signe peut être choisi arbitrairement, ce qui explique
    que (± 1/2, ± 1/2, ± 1/2, ± 1/2) définisse 16 points).
- les 96 restants sont (± Φ/2, ± 1/2, ± 1/2Φ, 0)
  et ceux qui s'en déduisent par une permutation positive :

$$(\pm \Phi/2, \pm 1/2\Phi, 0, \pm 1/2), (\pm \Phi/2, 0, \pm 1/2, \pm 1/2\Phi),$$
$$(\pm 1/2, \pm \Phi/2, 0, \pm 1/2\Phi), (\pm 1/2, 0, \pm 1/2\Phi, \pm \Phi/2), (\pm 1/2, \pm 1/2\Phi, \pm \Phi/2, 0),$$
$$(\pm 1/2\Phi, \pm \Phi/2, \pm 1/2, 0), (\pm 1/2\Phi, \pm 1/2, 0, \pm \Phi/2), (\pm 1/2\Phi, 0, \pm \Phi/2, \pm 1/2),$$
$$(0, \pm \Phi/2, \pm 1/2\Phi, \pm 1/2), (0, \pm 1/2\Phi, \pm 1/2, \pm \Phi/2) \text{ et } (0, \pm 1/2, \pm \Phi/2, \pm 1/2\Phi).$$

Une permutation positive étant composée de permutations circulaires sur trois éléments : on permute circulairement les trois dernières composantes, puis quand les possibilités sont épuisées on permute les trois premières, et ainsi de suite...

Hypericosaèdre et quaternions

Le nombre d'or, Φ, est intimement lié aux pentagones réguliers et à l'angle $36° = \pi/5$: c'est le rapport entre la diagonale et le côté d'un pentagone régulier, d'où $\Phi/2 = \cos(\pi/5)$, et $1/2\Phi = \cos(2\pi/5)$. Par ailleurs, $1/2 = \cos \pi/3$, si bien les sept couches de l'hypericosaèdre étudiées ci-dessus sont :

- L'icosaèdre polaire nord ι_1, dans l'hyperplan $t = \cos(\pi/5)$
- Le dodécaèdre nord δ_1, dont les sommets correspondent aux centres des faces de ι_1, dans l'hyperplan $t = \cos(\pi/3)$
- L'icosaèdre tropical nord ι_2 orienté comme ι_1, dans l'hyperplan $t = \cos(2\pi/5)$
- L'icosidodécaèdre équatorial, dont les sommets correspondent aux milieux des arêtes de ι_1, dans l'hyperplan $t = 0 = \cos(\pi/2)$
- L'icosaèdre tropical sud ι_3, dans l'hyperplan $t = \cos(3\pi/5)$
- Le dodécaèdre sud δ_2, dans l'hyperplan $t = \cos(2\pi/3)$
- L'icosaèdre polaire sud ι_4, dans l'hyperplan $t = \cos(4\pi/5)$

Or, rappelons-nous ce que nous avons dit des quaternions : le groupe multiplicatif des quaternions non nuls, quotienté par le sous-groupe des réels non nuls, s'identifie au groupe des rotations de l'espace de dimension 3. À chaque rotation on associe donc une classe d'équivalence de quaternions, qui contient deux points diamétralement opposés de l'hypersphère ; le

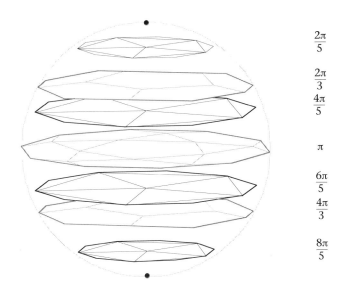

$$\frac{2\pi}{5}$$

$$\frac{2\pi}{3}$$
$$\frac{4\pi}{5}$$

$$\pi$$

$$\frac{6\pi}{5}$$
$$\frac{4\pi}{3}$$

$$\frac{8\pi}{5}$$

FIGURE 4.8. GROUPE HYPERICOSAÈDRE

L'hypericosaèdre est un groupe de quaternions, correspondant au groupe des rotations qui laissent invariant un icosaèdre. L'icosaèdre tropical nord correspond aux rotations de $2\pi/5$ autour des grandes diagonales, le dodécaèdre nord aux rotations de $2\pi/3$ autour des grandes diagonales du dodécaèdre, qui passent par les centres des faces triangulaires de l'icosaèdre, et ainsi de suite...

produit d'un élément d'une classe par un élément d'une autre classe est un élément de la classe produit, associée au composé des rotations. Ici, les rotations associées aux icosaèdres polaires sont les rotations de $2\pi/5$ autour d'axes passant par les sommets d'un icosaèdre ι de même orientation. Celles associées aux dodécaèdres sont les rotations de $2\pi/3$ autour d'axes passant par les centres des faces de ι. Toutes ces rotations laissent invariant l'icosaèdre ι. Celles associées aux icosaèdres tropicaux sont des rotations de $4\pi/5$ qui, elles aussi, laissent ι invariant. De même que celles associées à l'icosidodécaèdre, rotations de π (symétries axiales) autour des axes de symétrie de ι (passant par les milieux des arêtes de ι). Nous avons même là toutes les rotations laissant invariant l'icosaèdre ι. En d'autres termes, l'hypericosaèdre J est associé au groupe des rotations laissant invariant l'icosaèdre ι, et donc l'hypericosaèdre J est lui-même un groupe de quaternions.

Démontrer directement ce résultat n'est pas immédiat, d'autant qu'il ne vaut pas seulement pour l'hypericosaèdre particulier dont les coordonnées ont été explicitées ci-dessus, mais pour tout hypericosaèdre de centre 0 dont un des sommets est 1, quelle que soit la manière dont il est orienté. La visualisation géométrique des sections de l'hypericosaèdre rend cela évident (l'orientation de ι ne joue aucun rôle dans le raisonnement ci-dessus), et réciproquement, la connaissance de ce résultat permet de retrouver immédiatement lesdites sections à partir du groupe des rotations de l'icosaèdre.

91

Comme dans le cas de l'hypergranatoèdre et du groupe des rotations du tétraèdre, l'hypericosaèdre n'a pas la même structure algébrique que le groupe des isométries de l'icosaèdre. Les isométries, ce sont non seulement les rotations (isométries positives), mais aussi les symétries par rapport à un plan ou par rapport au centre de l'icosaèdre (isométries négatives). À toute isométrie négative on peut associer bijectivement une isométrie positive, en la composant avec la symétrie σ par rapport au centre de l'icosaèdre : il y a donc 60 isométries négatives, soit en tout 120 isométries laissant invariant un icosaèdre. Comme σ commute avec toute autre isométrie, on peut regrouper ces 120 isométries en 60 classes contenant chacune une rotation de l'icosaèdre et son produit par σ : le groupe des rotations de l'icosaèdre est donc un groupe quotient du groupe des isométries de l'icosaèdre. Mais c'est également un sous-groupe. Alors que le groupe des rotations de l'icosaèdre s'identifie à un groupe quotient de l'hypericosaèdre, mais pas à un sous-groupe : en effet, il possède 15 éléments d'ordre 2 (les 15 symétries par rapport à une droite), alors qu'il n'existe, une fois encore, qu'un seul quaternion d'ordre 2.

Parmi les groupes de 120 éléments, il en existe un troisième apparenté aux deux que nous venons d'étudier : le groupe symétrique S_5, groupe des permutations de 5 éléments. En effet, à toute isométrie laissant invariant un icosaèdre, on peut associer une permutation de 5 éléments : comment ? En remarquant qu'un icosaèdre est inscrit dans 5 cubes distincts. À toute arête de l'icosaèdre on peut associer un cube, de même centre que l'icosaèdre, tel qu'une face du cube contienne l'arête en question. On dira que le cube contient l'arête, mais il contient en tout six arêtes deux à deux disjointes, et les 12 sommets de l'icosaèdre sont tous sur les faces du cube. Or d'un sommet quelconque partent cinq arêtes, définissant cinq cubes distincts qui contiennent en tout 6 × 5 = 30 arêtes distinctes, soit toutes les arêtes de l'icosaèdre.

Une isométrie de l'icosaèdre va nécessairement permuter ces cinq cubes de telle sorte qu'à la composée de deux isométries corresponde la composée des deux permutations. La symétrie par rapport au centre O de l'icosaèdre (donc de chacun des cubes) laisse chacun des cubes invariants, si bien qu'aux 120 isométries de l'icosaèdre correspondent au plus 60 permutations distinctes des cinq cubes (deux isométries d'une même classe correspondent à la même permutation). Une symétrie de l'icosaèdre autour d'un axe de symétrie Δ, médiatrice (passant par O) d'une arête, laisse invariant le cube correspondant, mais permute deux à deux chacun des quatre autres. Nous obtenons ainsi les 15 permutations positives d'ordre 2. Une rotation de $2\pi/3$ de l'icosaèdre, qui permute circulairement les trois sommets A, B, C d'une même face de l'icosaèdre, permute circulairement les trois arêtes AB, BC et CA, donc les trois cubes associés, et laisse invariants les deux autres, dont une grande diagonale est l'axe de rotation : aux 20 rotations ρ d'ordre 3 de l'icosaèdre (telles que $\rho^3 = 1$ et ρ différent de 1) on associe ainsi les 20 permutations d'ordre 3 de cinq éléments, qui sont des permutations positives. Quant aux 24 rotations d'angle $2\pi/5$ ou $4\pi/5$ autour des grandes diagonales de l'icosaèdre,

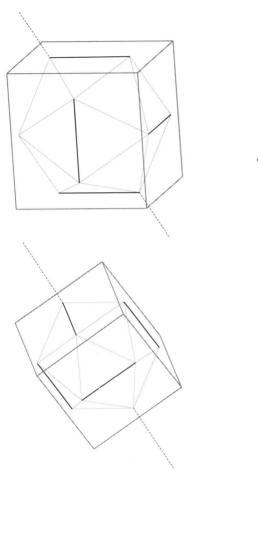

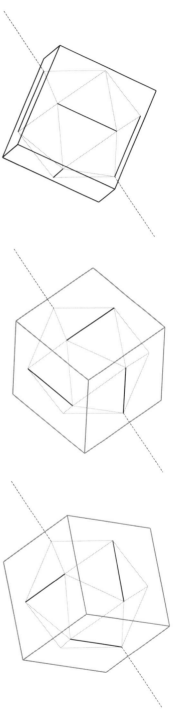

FIGURES 4.9. ICOSAÈDRE ET LES 5 CUBES

Un icosaèdre est inscrit dans 5 cubes distincts, contenant chacun 6 des 30 arêtes de l'icosaèdre. Toute rotation de l'icosaèdre correspond donc à une permutation de ces cinq cubes, d'où le lien entre le groupe des rotations de l'icosaèdre et le groupe symétrique S_5.

elles permutent circulairement les cinq cubes, et sont donc associées aux 24 permutations circulaires de cinq éléments, elles aussi positives. En définitive, le groupe des rotations de l'icosaèdre s'identifie au groupe alterné A_5 des permutations positives de cinq éléments. A_5 est un sous-groupe du groupe symétrique S_5, mais ce n'est pas un groupe quotient, et donc S_5 ne s'identifie ni au groupe des isométries de l'icosaèdre, ni à l'hypericosaèdre, bien que ces trois groupes soient apparentés par l'intermédiaire de A_5, sous-groupe de S_5 et du groupe des isométries de l'icosaèdre, et groupe quotient de l'hypericosaèdre et du groupe des isométries de l'icosaèdre.

Je n'ai pas cherché à faire ici une présentation complète et rigoureuse des propriétés algébriques de l'hypericosaèdre et des différents groupes mentionnés. Il s'agissait seulement de faire manipuler ces quelques objets mathématiques, pour mieux comprendre quelques notions comme sous-groupe et groupe quotient, mais surtout de montrer que l'un de ces ensembles peut être visualisé, et que ce support visuel est utilisable même pour l'étude d'un objet purement algébrique comme le groupe des permutations d'un ensemble. Un objet mathématique ne se réduit pas à une définition, à un seul et unique concept, mais il a de multiples facettes suivant l'angle sous lequel on le regarde, et l'angle purement géométrique ci-dessus est rarement pris en compte dans les ouvrages qui étudient ces objets mathématiques.

Quand j'ai moi-même abordé l'étude de l'hypericosaèdre, il y a plus de vingt ans, j'ai été fasciné qu'on puisse inscrire 600 cellules dans une hypersphère sans que celles-ci soient « petites ». Mais c'est là l'effet multiplicateur de la quatrième dimension : dans une hypersphère de rayon 1, on peut inscrire un hypericosaèdre d'arête $1/\Phi$ qui a 600 cellules. Dans une sphère de rayon 1, on peut inscrire un icosidodécaèdre de même arête $1/\Phi$, lequel a 32 faces. Et dans un cercle de rayon 1, c'est le décagone régulier qui a pour côté $1/\Phi$.

D'ailleurs, la section équatoriale d'un hypericosaèdre est un icosidodécaèdre qui, sectionné parallèlement à une face pentagonale, a pour section centrale un décagone. Dans un icosidodécaèdre ζ, on peut inscrire 6 décagones : 2 pour chacun des 30 sommets (qui admet 4 voisins, deux sur chaque décagone), mais chacun est compté 10 fois. Dans un hypericosaèdre J, on peut inscrire 72 décagones : 6 pour chacun des 120 sommets (passant chacun par deux sommets diamétralement opposés de la calotte icosaédrique), chacun étant compté 10 fois. Mais à chaque sommet de J on peut également associer les 6 décagones de son icosidodécaèdre ζ, ce qui prouve que chacun est compté 10 fois : 10 sommets ont un équateur contenant le même décagone X. En effet, perpendiculairement au plan de X, nous avons un plan, qui contient lui-même un décagone régulier X' inscrit dans J. Si X est dans l'hyperplan $t = 0$, il est inscrit dans l'icosidodécaèdre ζ dont les sommets sont les milieux des arêtes d'un icosaèdre ι. Or ι est orienté comme chacune des quatre sections icosaédriques de J, et une des grandes diagonales de ι est orthogonale à X : les quatre diagonales correspondantes des sections icosaédriques de J

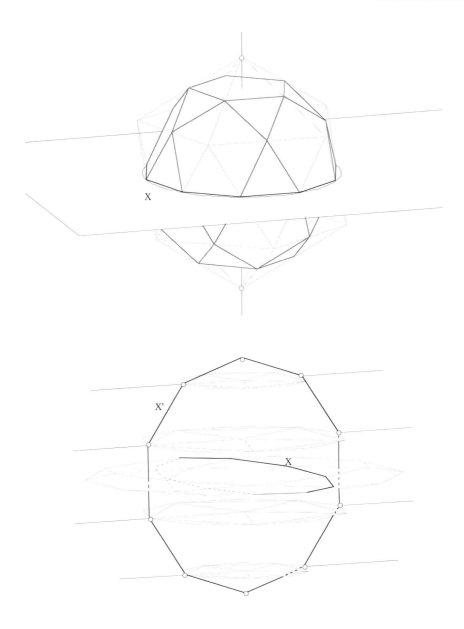

FIGURES 4.10. ICOSIDODÉAÈDRE ET DÉCAGONE

La section centrale d'un icosidodécaèdre parallèlement à une face pentagonale, donc perpendiculairement à un diamètre de l'icosaèdre correspondant, est un décagone. Un tel décagone de la section équatoriale de l'hypericosaèdre est perpendiculaire à chacun des diamètres correspondants des sections icosaédriques, ainsi qu'à l'axe vertical, il est donc perpendiculaire au décagone formé par ces dix points. Chacune des arêtes de ces décagones est une arête de l'hypericosaèdre.

nous fournissent 8 points, en plus des deux pôles, sommets d'un décagone régulier X' perpendiculaire à X.

Par ailleurs, chaque sommet A de J appartient à 5 hypergranatoèdres inscrits dans J, car les sections dodécaédriques et icosidodécaédrique perpendiculaires à OA ont chacune respectivement 5 cubes inscrits et 5 octaèdres inscrits. Cela fait en tout : $(120 \times 5) / 24 = 25$ hypergranatoèdres inscrits dans un hypericosaèdre. Mais peut-on répartir les 120 sommets de J en 5 hypergranatoèdres disjoints ? Certes ! c'est clair si l'on considère J comme un groupe de quaternions : si l'on choisit un sous-groupe hypergranatoèdre quelconque G et un élément a d'ordre 5 ($a^5 = 1$), les 5 sous-ensembles : G, aG, a^2G, a^3G et a^4G sont cinq hypergranatoèdres disjoints.

Mais abordons ce problème géométriquement, ce qui est assez délicat. Par un sommet A de J passent 5 hypergranatoèdres, mais aussi 5 hyperoctaèdres : chaque hyperoctaèdre est inscrit dans un et un seul hypergranatoèdre. Qui plus est, deux grandes diagonales perpendiculaires suffisent à caractériser un hyperoctaèdre et un hypergranatoèdre inscrits dans J, car si l'une d'entre elles, AA', est verticale, l'autre est un diamètre de l'icosidodécaèdre médiateur ζ ; or les cinq hypergranatoèdres passant par A coupent ζ selon cinq octaèdres disjoints (inscrits dans les cinq cubes p. 93), chaque diamètre de ζ appartient donc à un et un seul d'entre eux. Soient Δ_1 et Δ_2 deux diamètres du décagone X, Δ'_1 et Δ'_2 deux diamètres du décagone perpendiculaire X'. Δ_1 et Δ'_1 déterminent un hypergranatoèdre G_1, Δ_2 et Δ'_2 un autre hypergranatoèdre G_2. Montrons que G_1 et G_2 sont disjoints si les diamètres Δ_1 et Δ_2 sont voisins tout comme les diamètres Δ'_1 et Δ'_2 ou si, inversement, Δ_1 et Δ_2 sont non voisins, Δ'_1 et Δ'_2 non plus.

Supposons que G_1 et G_2 aient en commun un point A, donc le diamètre AA'. X et X' ne passent ni par A ni par A'. Par ailleurs, chacune des 72 arêtes de l'hypericosaèdre appartient à un et un seul des 72 décagones inscrits : les 12 issues de A, aux six décagones passant par A et A', les 60 arêtes de l'icosidodécaèdre ζ, aux six décagones perpendiculaires. Les 30 arêtes de l'icosaèdre polaires à 30 autres décagones, que nous appelerons « polaires », et les 30 arêtes du dodécaèdre aux 30 derniers décagones, que nous appellerons « tropicaux ». Or un décagone polaire est perpendiculaire à un décagone tropical : si M et N sont deux points de l'icosaèdre polaire, OM et ON font un angle au plus égal à $2\pi/5$, ils ne peuvent pas être perpendiculaires. L'un des décagones X et X' est donc polaire, et contient une arête de chaque icosaèdre polaire, deux sommets non voisins sur chaque dodécaèdre, plus un diamètre de l'icosidodécaèdre. L'autre est tropical, et contient une arête de chaque dodécaèdre, deux sommets non voisins sur chaque icosaèdre tropical, plus un diamètre de l'icosidodécaèdre.

Mais les sommets de G_1 et de G_2 autres que A et A' sont soit sur une couche dodécaédrique, soit sur l'icosidodécaèdre ζ. Si aucun des diamètres choisis de X et X' n'est diamètre de ζ., ces quatre diamètres ont leurs extrémités sur les dodécaèdres, les deux diamètres du décagone polaire sont non voisins et les

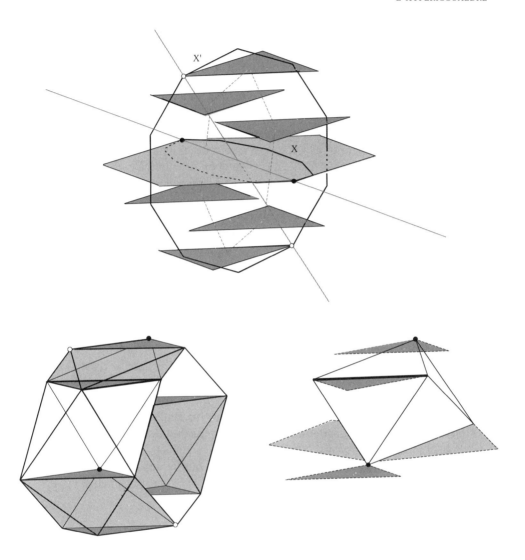

FIGURES 4.11. AUTRES HYPERGRANATOÈDRES INSCRITS

Une grande diagonale du décagone horizontal X et une grande diagonale du décagone vertical X' définissent un et un seul hypergranatoèdre G inscrit dans l'hypericosaèdre J. Celui-ci, s'il ne passe pas par les pôles de J, coupe l'équateur de J selon un hexagone et les six autres couches selon six triangles, qui constituent un anneau de six cellules octaédriques de G. Les 18 autres cellules octaédriques sont définies chacune par un côté d'un des six triangles, les sommets voisins de cette arête dans l'anneau d'octaèdres et un côté de l'hexagone. Il existe 10 manières de décomposer l'hypericosaèdre J en cinq hypergranatoèdres disjoints.

deux autres sont voisins. Si, par contre, Δ_1 est diamètre de ζ, Δ'_1 est diamètre de l'octaèdre perpendiculaire à Δ_1 inscrit dans G_1, qui passe par AA'. Comme Δ'_1 n'est pas AA', Δ'_1 est lui aussi diamètre de ζ, de sorte que si X est un décagone polaire, Δ_2 est voisin de Δ_1, et Δ'_2 n'est pas voisin de Δ'_1, et inversement si X est un décagone tropical.

Si Δ_1, Δ_2, Δ_3, Δ_4, Δ_5 sont les cinq diamètres de X et Δ'_1, Δ'_2, Δ'_3, Δ'_4, Δ'_5 les cinq diamètres de X', les cinq hypergranatoèdres G_1, G_2, G_3, G_4, G_5 définis respectivement par (Δ_1, Δ'_1), … (Δ_5, Δ'_5) sont disjoints si Δ_1 … Δ_5 sont placés dans le même ordre que $\Delta'1$ … $\Delta'5$. D'où dix possibilités, à partir de X et X', pour partitionner l'hypericosaèdre J en cinq hypergranatoèdres disjoints. Et de fait, il existe en tout dix manières de réaliser cette partition ; un sommet A de J appartient à cinq hypergranatoèdres, et si je choisis l'un d'entre eux, il reste deux possibilités pour répartir les 96 sommets restants en quatre hypergranatoèdres disjoints.

D'ailleurs, on peut essayer de visualiser ces 5 hypergranatoèdres disjoints. L'un d'eux contient les pôles, un cube dans chaque section dodécaédrique et un octaèdre dans la couche icosidodécaédrique. Appelons G l'un des quatre autres hypergranatoèdres. G coupe chaque couche icosaédrique ou dodécaédrique selon un triangle équilatéral de côté r (rayon de la sphère), et la couche icosidodécaédrique selon un hexagone régulier S de côté r. Curieusement, ces sections sont toutes planes et situées dans des plans parallèles. Les centres des triangles sont sur un hexagone régulier perpendiculaire à S, deux triangles consécutifs étant orientés différemment, formant ainsi une cellule octaédrique de G : nous avons là en quelque sorte un anneau d'octaèdres. Or un côté d'un triangle doit appartenir à trois cellules octaédriques de G : deux d'entre elles sont dans l'anneau d'octaèdres, la troisième s'obtient en joignant ce côté à l'un des côtés parallèles de l'hexagone S, ce qui forme un carré auquel on adjoint un sommet de chacun des triangles voisins. On trouve ainsi les 18 autres cellules octaédriques de G.

Basculons l'hypericosaèdre

Revenons, maintenant, à l'hypericosaèdre dans sa globalité, et tournons-le, comme nous venons de le faire pour l'hypergranatoèdre, afin d'étudier ses sections parallèlement à une cellule tétraédrique. Dans une hypersphère de rayon r, l'arête de l'hypericosaèdre étant r/Φ, la sphère circonscrite au tétraèdre d'arête r/Φ a pour rayon : $(r/\Phi)\sqrt{(3/8)}$ (car dans une sphère de rayon $\sqrt{3}$ on peut inscrire un cube d'arête 2, donc un tétraèdre d'arête $\sqrt{8}$). On en déduit, par le théorème de Pythagore, que la distance du centre O de l'hypersphère à l'hyperplan P_1 contenant le tétraèdre (ce que nous appellerons désormais « l'altitude » de P_1) est : $t_1 = r\Phi^2/\sqrt{8}$. On pourrait donc écrire les coordonnées de quatre sommets A, B, C et D d'un tétraèdre régulier τ appartenant à l'hypersphère de rayon 1 et à l'hyperplan $t = r\Phi^2/\sqrt{8}$, choisir une cellule quelconque $A'B'C'D'$ de l'hypericosaèdre dans le repère précédent, où les coordonnées des 120 sommets sont toutes connues, déterminer calculatoirement le changement de repère qui amène A' en A, B' en B, C' en C et D' en D, puis utiliser ledit changement de repère pour calculer l'image des 116 autres sommets de l'hypericosaèdre J, que l'on classera ensuite d'après leur altitude t, ce qui donnera toutes les couches de J parallèles à une cellule. C'est d'ailleurs la première idée que j'ai mise en œuvre.

Mais puisque le but de cet ouvrage est de visualiser plutôt que de calculer, nous allons essayer de construire visuellement ces couches en s'appuyant sur les notions de base de la géométrie élémentaire : parallélisme, théorème de Thalès... sans oublier un peu de dénombrement. L'idée est que l'ensemble des sommets voisins d'un sommet donné A (la « calotte » de A) est un icosaèdre ι. L'hyperplan contenant ι coupe les différents hyperplans contenant des sommets de J selon des plans parallèles, et donc les couches de ι sont situées sur des sections planes parallèles des couches de J. D'une part, d'après le théorème de Thalès, les distances entre les couches de J sont proportionnelles aux distances entre les couches correspondantes de ι. D'autre part, le centre $Ω$ de ι est situé sur OA et vérifie : $OΩ = (Φ/2)OA$, comme dans le cas où A est un pôle : l'altitude de A étant t, celle de $Ω$ est $Φt/2$, donc la somme des altitudes de deux couches de ι symétriques par rapport à $Ω$ vaut $Φt$.

Partons de notre première cellule tétraédrique $ABCD$, que nous appellerons τ. Chacune des quatre faces de τ appartient à un autre tétraèdre, et les sommets de ces quatre autres tétraèdres forment eux-mêmes un tétraèdre $A'B'C'D'$, ou τ′, orienté comme le dual de τ. Un sommet A de τ admet trois voisins B, C, D sur cette première couche τ, trois autres B', C', D' sur la couche τ′, donc trois sur une troisième couche et trois sur une quatrième : ce sont là les quatre couches d'un icosaèdre parallèlement à une face. Ces quatre triangles équilatéraux n'ont pas la même taille : les deux centraux (dont $B'C'D'$) sont $Φ$ fois plus grands que les deux extrêmes (dont BCD), nous parlerons désormais de « grands » et de « petits » triangles. Il n'ont pas non plus la même orientation : dans un plan parallèle à BCD, un triangle orienté comme BCD sera dit « positif », un triangle orienté symétriquement, comme $B'C'D'$, sera dit « négatif ». Le tétraèdre τ′, dont les faces sont des grands triangles, a donc pour arête r, il est inscrit dans une sphère de rayon $r\sqrt{(3/8)}$ à une altitude $t_2 = r\sqrt{(5/8)}$. La différence des altitudes vaut donc : $t_1 - t_2 = r(3 - \sqrt{5}) / 2\sqrt{8}$: pour simplifier

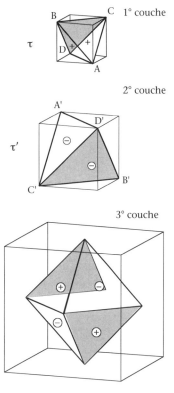

1° couche

2° couche

3° couche

les calculs, nous poserons $r = (3 + \sqrt{5})\sqrt{2}$, de telle sorte que $t_1 - t_2 = 1$, $t_1 = \Phi^4 = 3\Phi + 2$, $t_2 = 3\Phi + 1$. La troisième couche de ι sera un grand triangle positif et symétrique de la deuxième par rapport à Ω, donc à l'altitude : $t_3 = \Phi (3\Phi + 2) - (3\Phi + 1) = 2\Phi + 2$, et la quatrième, un petit triangle négatif à l'altitude $t_4 = 2\Phi + 1$: $(t_1 - t_2)$, $(t_2 - t_3)$ et $(t_3 - t_4)$ sont bien proportionnels à Φ, 1, Φ comme le prévoyait Thalès.

Maintenant, un sommet A' de τ' admet pour voisins : un petit triangle positif BCD sur τ, son symétrique (petit triangle négatif) d'altitude $t_5 = \Phi(3\Phi +1) - (3\Phi + 2) = \Phi + 1$, et deux grands triangles intermédiaires, un négatif d'altitude $2\Phi + 2 = t_3$, l'autre positif d'altitude $t_4 = 2\Phi + 1$, de sorte que $(t_1 - t_3)$, $(t_3 - t_4)$ et $(t_4 - t_5)$ soient, une fois encore, proportionnels à Φ, 1, Φ. Donc la troisième couche, d'altitude $t_3 = 2\Phi + 2$, a pour faces quatre grands triangles positifs, voisins des sommets de τ, et quatre grands triangles négatifs, voisins des sommets de τ' : c'est un octaèdre.

Si un sommet du tétraèdre τ a trois voisins sur l'octaèdre, cela fait 12 arêtes joignant l'octaèdre à τ, donc chaque sommet de l'octaèdre a deux voisins sur τ, et pour la même raison deux voisins sur τ'. Considérons un sommet de la troisième couche octaédrique : l'icosaèdre des voisins est orienté perpendiculairement à un axe de symétrie. On trouve d'abord un « petit côté » AB, un « grand côté » $C'D'$ perpendiculaire à AB et de longueur r, un rectangle d'or dont le petit côté est perpendiculaire à AB, à nouveau un grand côté perpendiculaire à AB et un petit côté parallèle à AB. Les distances entre les plans contenant ces différentes couches sont proportionnelles à : 1, Φ, Φ, 1, le rectangle d'or est donc sur P_4, car $t_4 - t_2 = \Phi (t_2 - t_1)$, l'autre grand côté sur P_5, d'altitude $t_5 = \Phi + 1$, et le dernier petit côté sur P_6 d'altitude $t_6 = \Phi$. Comme prévu, la somme des altitudes de deux couches opposées vaut : $\Phi t_3 = 4\Phi + 2$.

Ceci permet de visualiser la quatrième couche : quatre petits triangles négatifs, quatre grands triangles positifs, et six rectangles d'or, en quelque sorte un « cuboctaèdre d'or » dont quatre faces triangulaires sont Φ fois plus grandes que les quatre autres. Celui-ci possède 12 sommets : chaque sommet de τ est voisin de trois d'entre eux, de même que chaque sommet de τ', d'où réciproquement chaque sommet de ce cuboctaèdre d'or est voisin d'un sommet de τ et d'un sommet de τ', ce qui donne une section bancale de l'icosaèdre des voisins, en 8 couches d'altitudes t_1, t_2, t_3, t_4, t_5, t_6, t_7 et t_8, mais telles que, par symétrie, les altitudes $t_1 + t_8 = t_2 + t_7 = t_3 + t_6 = t_4 + t_5 = \Phi t_4 = 3\Phi + 2$, d'où $t_7 = 1$ et $t_8 = 0$. La huitième couche est donc la couche médiane $t = 0$, les suivantes sont symétriques des sept premières, et il y a 15 couches en tout.

La cinquième couche possède elle aussi 12 sommets : chaque sommet du tétraèdre τ' est voisin de trois d'entre eux formant un petit triangle négatif, chaque sommet de l'octaèdre est voisin de deux d'entre eux formant un grand côté et chaque sommet de cuboctaèdre d'or est voisin de deux d'entre eux, un côté du petit triangle. Nous avons affaire à un tétraèdre tronqué dont les côtés des faces triangulaires sont Φ fois plus petits que les autres côtés des faces hexagonales. Nous l'appellerons le « petit tétraèdre tronqué ».

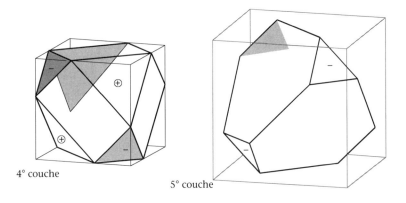

4° couche

5° couche

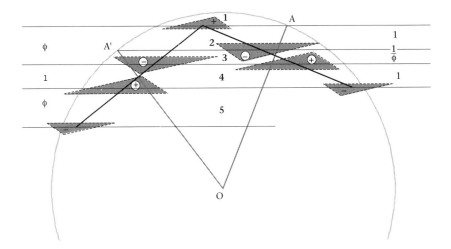

FIGURE 4.12. HYPERICOSAÈDRE PARALLÈLEMENT À UNE HYPERSURFACE

Les sections d'un hypericosaèdre parallèlement à une cellule tétraédrique τ constituent quinze couches de sommets, polyèdres dont toutes les arêtes sont parallèles à une des diagonales de face du cube associé à τ, et dont les faces triangulaires sont toutes équilatérales. Ces triangles se différencient par leur orientation et leur taille : un + caractérise les triangles orientés comme les faces de τ, un - ceux orientés comme les faces de τ'. Ce signe est entouré d'un cercle pour les grands triangles (d'arête r, rayon de l'hypersphère), de deux cercles pour les très grands triangles (d'arête $r\Phi$), il n'est pas entouré pour les petits triangles (d'arête r/Φ, arête de l'hypericosaèdre). L'icosaèdre des voisins de A est sectionné en quatre triangles grisés sur les figures : BCD, $B'C'D'$, et un sur les 3° et 4° couches, alors que l'icosaèdre des voisins de A' contient BCD et les faces cachées grisées des 3°, 4° et 5° couches. D'après le théorème de Thalès, les différences d'altitude de ces sections triangulaires sont proportionnelles aux distances des sections triangulaires de l'icosaèdre. Le centre de l'icosaèdre des voisins de A est sur OA, à une distance $r\Phi/2$ de O. La figure ci-dessus représente l'axe des icosaèdres et l'orientation des triangles, mais ceux-ci sont en réalité plus grands que sur la figure, les grands triangles ayant pour côté le rayon du cercle.

101

Pour la sixième couche, au contraire, chaque sommet de l'octaèdre est voisin d'un petit côté, chaque sommet du cuboctaèdre d'or est voisin d'un grand côté, cela donne encore un tétraèdre tronqué, mais avec des grands triangles positifs, d'où l'appellation : « grand tétraèdre tronqué ».

Et la septième couche ? Les six premières couches contiennent : $4 + 4 + 6 + 12 + 12 + 12 = 50$ sommets de l'hypericosaèdre, leurs symétriques en contiennent également 50, il reste 20 sommets pour les 7°, 8° et 9° couches. La septième couche est un très grand tétraèdre positif, d'arête Φr. Chacun de ses sommets est voisin d'un petit triangle négatif du cuboctaèdre d'or, d'un grand triangle positif du grand tétraèdre tronqué, donc d'un grand triangle négatif de la couche médiane (8° couche) et d'un petit triangle positif de la 11° couche, petit tétraèdre tronqué d'altitude $-(\Phi+1)$. Les distances entre les hyperplans correspondants sont bien proportionnelles à : Φ, 1, Φ, et la somme des altitudes de deux couches opposées est bien égale à Φ.

Par symétrie, les voisins d'un sommet de la 9° couche (l'autre très grand tétraèdre) sont un petit triangle négatif d'altitude $\Phi+1$, un grand triangle positif d'altitude 0, un grand triangle négatif d'altitude $-\Phi$ et un petit triangle-

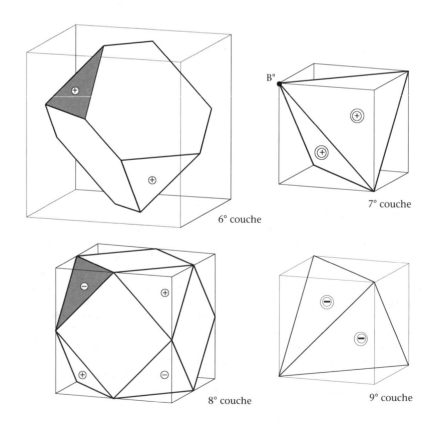

6° couche

7° couche

8° couche

9° couche

nb de sommets		4	4	6	12	12	12	4	12	4	12	12	12	6	4	4
altitude	couche	1	2	3	4	5	6	7	8	9	10	11	12	13	14	15
3Φ + 2	1	3	3	2	1											
3Φ + 1	2	3		2	1	1										
2Φ + 2	3	3	3		2	1	1									
2Φ + 1	4	3	3	4	2	2	2	3	1							
Φ + 1	5		3	2	2	2	2		2	3	1					
Φ	6			2	2	2	1	3	2		2	1				
1	7				1		1		1			1				
0	8				1	2	2	3		3	2	2	1			
− 1	9					1			1		1		1			
− Φ	10					1	2		2	3	1	2	2	2		
− Φ − 1	11						1	3	2		2	2	2	2	3	
− 2Φ − 1	12								1	3	2	2	2	4	3	3
− 2Φ − 2	13										1	1	2		3	3
− 3Φ − 1	14											1	1	2		3
− 3Φ − 2	15												1	2	3	3

FIGURE 4.14. TABLEAU DES VOISINS

Ce tableau des voisins indique, sur la $i^{\text{ième}}$ ligne de la $j^{\text{ième}}$ colonne, combien un sommet de la $j^{\text{ième}}$ couche a de voisins sur la $i^{\text{ième}}$ couche. La somme des nombres de chaque colonne vaut donc 12, puisque tout sommet a 12 voisins. Si l'on multiplie chaque colonne par le nombre de sommets de la couche correspondante (mentionné en haut), le tableau devient symétrique. La colonne de gauche donne l'altitude des couches dans une hypersphère de rayon $r = (\Phi+1)\sqrt{8}$. Chaque colonne est symétrique : sa première et dernière ligne, seconde et avant-dernière ligne, etc... contiennent le même nombre de sommets et la somme de leur altitudes vaut Φ fois l'altitude de la couche correspondant à la colonne.

positif d'altitude − (2Φ+1). La couche médiane contient les 12 sommets restants, avec quatre grands triangles négatifs et quatre grands triangles positifs : c'est un cuboctaèdre régulier d'arête r.

On vérifie sans mal que le cuboctaèdre régulier d'arête r est inscrit dans une sphère de rayon r, et plus généralement que les rayons ρ des sphères circonscrites et les altitudes t vérifient bien : $t^2 + \rho^2 = r^2$. Il reste à compléter le tableau des voisins et à visualiser les différents icosaèdres. Mais si nous avons tourné ainsi l'hypericosaèdre, ce n'est pas seulement pour l'admirer sous un nouvel angle, c'est parce que nous en avions besoin pour construire un nouvel objet mathématique : son dual, l'hyperdodécaèdre.

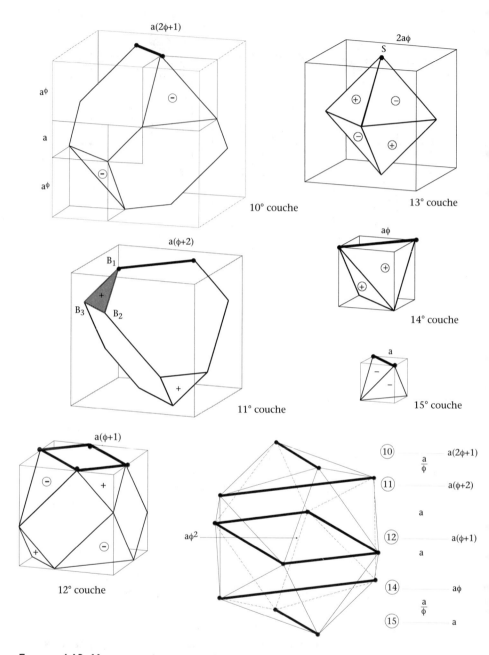

FIGURES 4.13. HYPERICOSAÈDRE PARALLÈLEMENT À UNE HYPERSURFACE

Alors que l'icosaèdre des voisins de B" (7° couche) s'étend de la 4° à la 11° couche (surfaces sombres), l'icosaèdre des voisins de S (13° couche) est sectionné perpendiculairement à un axe de symétrie. Il est constitué par les arêtes supérieures (en gras) des 10°, 11°, 12°, 14° et 15° couches. Le théorème de Thalès s'applique aussi à la troisième des quatre dimensions : les différences de cote de ces sections sont proportionnelles aux distances entre les sections, et le centre de l'icosaèdre a pour cote Φ/2 fois la cote de S, ce qui permet de déterminer l'arête de tous les cubes de la 10° à la 15° couche.

Hyperdodécaèdre et dénombrements

De fait, si l'hypericosaèdre est un bel objet, que dire de son dual, l'hyperdodécaèdre ? 600 sommets, 120 cellules dodécaédriques, 720 faces pentagonales et 1200 arêtes. Si l'on identifie un hypersolide à l'ensemble de ses sommets, ou à l'ensemble des quaternions correspondants, l'hyperdodécaèdre, certes, n'est pas un groupe de quaternions – nous pouvons néanmoins nous aider des quaternions pour le construire –. Mais il est la réunion de 5 hypericosaèdres disjoints, de 25 hypergranatoèdres disjoints, de 75 hyperoctaèdres disjoints et de 120 hypertétraèdres disjoints ! Tous les hypersolides réguliers sont inclus dans l'hyperdodécaèdre, même l'hypercube : bien que 600 ne soit pas divisible par 16 – ce qui prouve que l'hyperdodécaèdre ne peut pas être la réunion d'hypercubes disjoints –, il contient un grand nombre d'hypercubes… Combien précisément ?

C'est à partir du basculement de l'hypericosaèdre J que nous allons aborder l'étude de l'hyperdodécaèdre, en prouvant pour commencer que celui-ci contient un hypertétraèdre : d'après la définition de la dualité, l'ensemble des centres des cellules de J constitue un hyperdodécaèdre que nous appellerons L. Or la cellule τ, à l'altitude 3Φ + 2, a pour centre le point Ω de coordonnées : (3Φ+2, 0, 0, 0). Dans un hypertétraèdre de centre O (0, 0, 0, 0) et de sommet Ω (3Φ+2, 0, 0, 0), les quatre autres sommets forment un tétraèdre régulier dans un hyperplan « horizontal » (orthogonal à OΩ), d'altitude $t = - (3\Phi+2)/4$, l'altitude du centre étant la moyenne des altitudes. Si l'on trouve quatre cellules de J dont les centres forment un tétraèdre régulier à cette altitude $t = - (3\Phi+2)/4$, on aura prouvé que l'hyperdodécaèdre contient au moins un hypertétraèdre. Or la septième couche de J est un très grand tétraèdre $A''B''C''D''$, d'altitude $t = 1$ (cf. figure 4.15). Le sommet B'' admet trois voisins B_1, B_2, B_3 d'altitude $- (\Phi+1)$, formant un petit triangle. $B''B_1B_2B_3$ est donc une cellule de J, dont le centre a bien pour altitude : $- (3\Phi+2)/4$.

Notre hyperdodécaèdre L contient au moins un hypertétraèdre, et il en contient donc beaucoup plus : chaque sommet d'un hyperpolyèdre régulier jouant le même rôle, nous pouvons construire par le procédé ci-dessus au moins un hypertétraèdre par sommet de L, chacun d'eux étant compté cinq fois, ce qui fait au moins 120 hypertétraèdres. Mais ce n'est pas tout ! il existe d'autres cellules de J dont le centre a pour altitude $- (3\Phi+2)/4$.

D'après le tableau des voisins, le sommet le plus bas d'une telle cellule est obligatoirement à l'altitude $- (2\Phi+1)$ ou $- (\Phi+1)$: s'il était plus bas la somme des altitudes serait nécessairement inférieure ou égale à $- (5\Phi+2)$, car un point de ces trois dernières couches n'a pas de voisin d'altitude supérieure à $- \Phi$, et s'il était plus haut la somme des altitudes serait nécessairement supérieure ou égale à $- 4\Phi$. Un point d'altitude $- (2\Phi+1)$ admet un voisin d'altitude 0, un voisin d'altitude $- 1$ et deux voisins d'altitude $- \Phi$, ce qui donne, pour chacun de ces douze points, deux tétraèdres ayant leurs centres à l'altitude – $(3\Phi+2)/4$. Nous avons donc 24 nouveaux sommets de L sur cette couche d'altitude – $(3\Phi+2)/4$... et ceux-ci peuvent se regrouper en 6 tétraèdres réguliers disjoints !

Si maintenant le sommet le plus bas a pour altitude – $(\Phi+1)$, le plus haut a soit pour altitude 1 – nous retrouvons le tétraèdre $B''B_1B_2B_3$ étudié précédemment –, soit pour altitude 0, soit pour altitude – 1. Ce dernier cas est exclu car un point d'altitude – 1 n'a pas de voisin d'altitude – $(\Phi+1)$, et celui d'avant également car les autres sommets devraient avoir pour altitudes – Φ et – $(\Phi+1)$, or les deux voisins d'un point d'altitude – Φ sur la couche $t = -(\Phi+1)$ ne sont pas voisins l'un de l'autre. En définitive, notre hyperdodécaèdre L contient 7 tétraèdres disjoints d'altitude – $(3\Phi+2)/4$, donc à chaque sommet de L on peut associer 7 hypertétraèdres réguliers inscrits, chacun d'eux étant compté cinq fois, cela donne : $(600 \times 7) / 5 = 840$ hypertétraèdres distincts inscrits dans L. Dans ce contexte, la présence du facteur 7 semble bien singulière !

Peut-on inscrire d'autres hypersolides réguliers ? Certes ! Un hypericosaèdre inscrit dans une hypersphère de rayon $O\Omega = 3\Phi + 2$ a pour arête $O\Omega/\Phi = 2\Phi+1$, et l'icosaèdre des voisins de Ω se situe à l'altitude : $(\Phi/2).O\Omega = (5\Phi+3)/2$. Il suffit donc de prouver qu'à cette altitude, on trouve des centres de cellules de J disposés en icosaèdre (ces calottes icosaédriques permettront de construire l'hypericosaèdre de proche en proche). Le sommet le plus bas d'une telle cellule tétraèdrique est nécessairement d'altitude $2\Phi+1$, or un sommet du cuboctaèdre d'or à l'altitude $2\Phi+1$ admet un voisin sur τ, à l'altitude $3\Phi+2$, un sur τ', à l'altitude $3\Phi+1$, et deux sur l'octaèdre d'altitude $2\Phi+2$, ce qui donne bien, pour chacun des 12 sommets du cuboctaèdre d'or, deux tétraèdres dont les centres sont à l'altitude $(5\Phi+3)/2$. Nous avons là 24 sommets de L à l'altitude voulue, $(5\Phi+3)/2$, formant un octaèdre tronqué soit, comme nous l'avons vu p. 79, deux icosaèdres « perpendiculaires », c'est-à-dire pivotés de $\pi/2$ autour d'un des axes de symétrie des icosaèdres. On en déduit que chaque sommet de L est sommet de deux hypericosaèdres inscrits dans L, ce qui donne : $(600 \times 2) / 120 = 10$ hypericosaèdres distincts.

Or ces 10 hypericosaèdres peuvent se retrouver autrement : L possède 120 cellules dodécaédriques. Dans un dodécaèdre, on peut inscrire 5 cubes et 10 tétraèdres. Partons d'une cellule dodécaédrique δ de L, et choisissons un des 10 tétraèdres inscrits, τ. De proche en proche, nous allons choisir dans chacune des 120 cellules un tétraèdre inscrit de sorte que les 120 sommets ainsi déterminés (quatre sommets pour chaque cellule, mais chaque sommet appartient à quatre cellules) soient les 120 sommets d'un hypericosaèdre.

Un sommet A de δ appartient à deux tétraèdres τ_1 et τ_2 inscrits dans δ. Chacun d'eux est un « demi-cube » : il existe un seul cube κ_1 tel que τ_1 soit inscrit dans κ_1, et κ_1 est inscrit dans δ. Par ailleurs, chaque tétraèdre inscrit a un sommet sur chaque face, chaque cube inscrit a deux sommets sur chaque face, les arêtes du cube étant des diagonales de faces. Or chaque face de δ

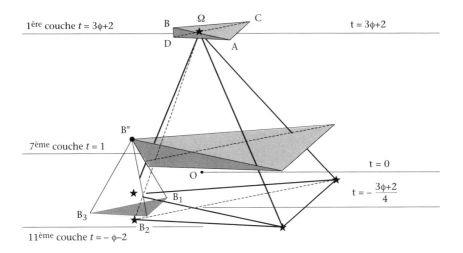

FIGURE 4.15. HYPERTÉTRAÈDRE INSCRIT DANS L

L'hyperdodécaèdre L a pour sommets les centres des cellules de l'hypericosaèdre J. Le centre de la cellule τ (première couche), Ω, a pour coordonnées (3Φ+2, 0, 0, 0). Le centre de la cellule définie par un sommet B'' du très grand tétraèdre de la 7° couche et ses trois voisins B_1, B_2, B_3 sur la 11° couche a pour altitude − (3Φ+2)/4, il appartient à un tétraèdre d'altitude − (3Φ+2)/4 qui, joint à Ω, forme un hypertétraèdre régulier de centre O, inscrit dans L.

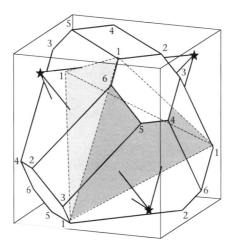

Mais à cette altitude − (3Φ+2)/4, l'hyperdodécaèdre L ne contient pas que ce tétraèdre étoilé, il contient 24 autres points qui forment six autres tétraèdres (en reliant les points de même numéro sur la figure). Si l'on pose $b = (3Φ+2)/4$, les points numérotés 1 ont pour coordonnées : $(b\sqrt{5}, b, 3b)$, $(−b\sqrt{5}, −3b, b)$, $(b\sqrt{5}, −b, −3b)$ et $(−b\sqrt{5}, 3b, −b)$. Les autres s'en déduisent par permutation des coordonnées. Tout point Ω de L est donc sommet de 7 hypertétraèdres distincts inscrits dans L.

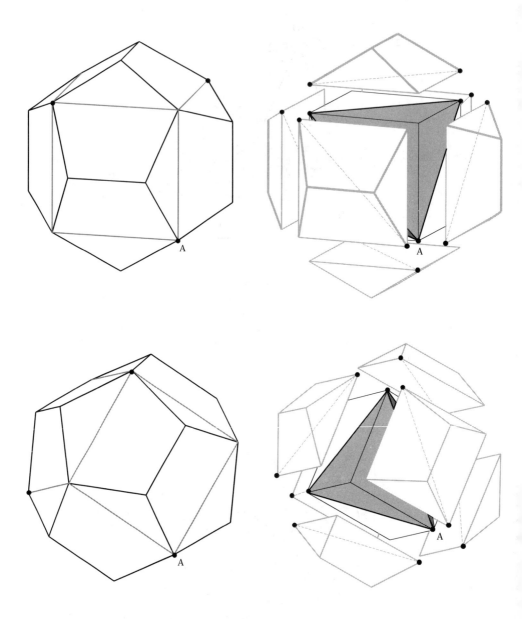

FIGURES 4.16. CUBES ET TÉTRAÈDRES INSCRITS DANS UN DODÉCAÈDRE

On peut inscrire cinq cubes et dix tétraèdres (deux par cube) dans un dodécaèdre, mais par tout sommet A passent deux cubes et deux tétraèdres, chaque tétraèdre étant inscrit dans un et un seul cube.

appartient à une autre cellule δ' de L, le sommet A de cette face, qui appartient à τ_1 et τ_2, appartient donc également à deux tétraèdres τ'_1 et τ'_2 inscrits dans δ'. Tout le problème est, si l'on part du tétraèdre τ_1, de savoir lequel choisir de τ'_1 et τ'_2 pour que la construction puisse se poursuivre de proche en proche et nous fournir l'hypericosaèdre cherché. La règle est la suivante : dans δ', il faut choisir le tétraèdre τ'_1 ayant le sommet A en commun avec τ_1, mais dont le cube associé κ'_1 n'a pas d'autre sommet commun avec κ_1. Autrement dit, si une diagonale AB de la face commune est arête de κ_1, c'est l'autre diagonale AC qui doit être l'arête de κ'_1. Reste à prouver que cette construction aboutit : la figure 4.17 ci-dessous peut aider à le visualiser.

L'important est que, par ce procédé, on peut construire 10 hypericosaèdres inscrits dans L, dont deux par un même sommet A de L, ce qui confirme le résultat précédent. En outre, L est la réunion de cinq hypericosaèdres disjoints, tout comme une face δ de L est réunion de cinq tétraèdres disjoints :

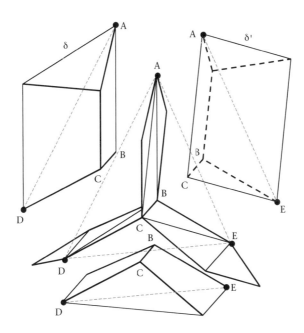

FIGURE 4.17. HYPERICOSAÈDRE DE PROCHE EN PROCHE

Deux cellules dodécaédriques δ et δ' de l'hyperdodécaèdre L ont en commun une face pentagonale. Par un sommet A de ce pentagone, on trace les deux diagonales AB et AC. Si l'on choisit AB comme arête du cube κ_1 inscrit dans δ, et AC comme arête du cube κ'_1 inscrit dans δ' (la figure ne représente que les toits des dodécaèdres δ et δ', les parties extérieures aux cubes et contenant BC), on définit ainsi deux sommets D et E des tétraèdres τ_1 et τ'_1 inscrits dans κ_1 et κ'_1, tels que le triangle ADE soit équilatéral. La même construction aurait permis de déduire A et E de D, de sorte qu'elle permet, de proche en proche, de construire un hypericosaèdre inscrit dans L.

pour δ, il suffit de faire pivoter d'un multiple de $2\pi/5$ autour d'un axe orthogonal à une face pour déterminer ces 5 tétraèdres à partir de l'un d'entre eux. Dans l'espace de dimension 4, considérons notre hyperdodécaèdre comme un ensemble de quaternions, contenant 1 et inscrit dans l'hypersphère de rayon 1. Choisissons un hypertétraèdre inscrit, T, et un des hypericosaèdres inscrits, J, contenant 1. La multiplication à gauche par un quaternion donné est une similitude de l'espace des quaternions, de sorte que l'ensemble des produits ab d'un quaternion fixé a par un sommet b de J constitue encore un hypericosaèdre. L'hyperdodécaèdre L, qui contient T et J, contient tous les produits d'un élément a de T par un élément b de J, et ces 600 produits sont tous distincts : si $ab = a'b'$, $a - a' = a'$ $(b'b^{-1} - 1)$, b^{-1} étant l'inverse de b. Comme dans le corps des quaternions, le produit des modules est le module des produits : $a - a'$ a pour module la distance de deux sommets de T, soit $\sqrt{(5/2)}$, a' a pour module 1, et, J étant un groupe, $b'b^{-1}$ appartient à J : aucun point de J n'est à une distance $\sqrt{(5/2)}$ du point 1 (ce qui signifierait que son altitude est $-1/4$). L'hyperdodécaèdre L est bien la réunion de cinq hypericosaèdres disjoints, mais également de 120 hypertétraèdres disjoints. En outre, on peut également multiplier dans l'autre sens un élément de J par un élément de T, ce qui ne donne pas la même chose vu que la multiplication des quaternions n'est pas commutative, et on peut remplacer T par un quelconque des 840 hypertétraèdres inscrits dans L. Cela détermine un grand nombre de partitions de L en cinq hypericosaèdres disjoints et en 120 hypertétraèdres disjoints : combien d'entre elles sont distinctes ?

Ces grands nombres nous font tourner la tête ! L'hypericosaèdre lui-même est la réunion de cinq hypergranatoèdres disjoints, dont chacun est la réunion de trois hyperoctaèdres disjoints, de sorte que L est la réunion de 25 hypergranatoèdres disjoints et de 75 hyperoctaèdres disjoints. Mais par un sommet d'un hypericosaèdre J, on peut faire passer 5 hypergranatoèdres inscrits dans J, et par un sommet de l'hyperdodécaèdre L on peut faire passer 9 hypergranatoèdres inscrits distincts, ainsi que 9 hyperoctaèdres : 5 pour chaque hypericosaèdre J et J', dont un commun à J et J'. Il y a donc : $(600 \times 9) / 24 = 225$ hypericosaèdres et $(600 \times 9) / 8 = 675$ hyperoctaèdres inscrits dans un hyperdodécaèdre. Trois fois plus, car un hypergranatoèdre contient trois hyperoctaèdres, mais à chaque hyperoctaèdre on peut associer un et un seul hypergranatoèdre, donc un et un seul hypercube, constitué des 16 autres sommets de l'hypergranatoèdre. On peut donc inscrire 675 hypercubes dans L, soit en tout : $10 + 225 + 675 + 675 + 840 = 2425$ hypersolides réguliers dans un hyperdodécaèdre !

Combien de polyèdres réguliers ou semi-réguliers ? Combien de polygones réguliers ? À la différence des hyperpolyèdres réguliers, les polyèdres réguliers inscrits dans l'hyperdodécaèdre (ou les autres hypersolides) n'ont pas tous la même dimension. Nous avons rencontré, par exemple, en sectionnant l'hypericosaèdre parallèlement à une cellule, des petits, des grands et des très grands tétraèdres, d'arêtes : r/Φ, r et rΦ. Mais il y a aussi des tétraèdres d'arête $r\sqrt{2}$: la calotte de l'hypercube, qui est inscrit dans l'hypericosaèdre. Y a-t-il d'autres dimensions possibles ? Non ! car l'étude des couches de l'hypericosaèdre en partant d'un sommet nous permet de voir que la distance de deux points de cet hypersolide ne peut prendre que 8 valeurs : r/Φ, r, $r\sqrt{(3-\Phi)}$, $r\sqrt{2}$, $r\Phi$, $r\sqrt{3}$, $r\sqrt{(\Phi+2)}$ et $2r$, soit une par couche. Les trois dernières valeurs sont exclues, car le plus grand tétraèdre inscrit dans une hypersphère de rayon r a pour arête $r\sqrt{(8/3)}$. Il ne reste donc qu'une seule possibilité éventuelle : $a = r\sqrt{(3-\Phi)}$. Tous les points dont la distance au pôle Q vaut a se situent dans le même hyperplan horizontal, en l'occurrence l'icosaèdre tropical nord. S'il existait un tétraèdre d'arête a inscrit dans J, il existerait donc un triangle équilatéral de côté a inscrit dans cette couche. Or dans un icosaèdre d'arête r, la distance de deux points ne peut prendre que trois valeurs : r, $r\Phi$ et $r\sqrt{(\Phi+2)}$, car si on le sectionne à partir d'un sommet, on trouve un pentagone à distance r, un autre pentagone à distance $r\Phi$ et le sommet diamétralement opposé à distance $r\sqrt{(2+\Phi)}$. D'où l'impossibilité.

Quant au dénombrement : avec les points à distance r/Φ du pôle (icosaèdre polaire), on peut former 20 triangles équilatéraux de côté r/Φ (les 20 faces), il y a donc : $(120 \times 20) / 4 = 600$ tétraèdres d'arête r/Φ (les 600 cellules). Il existe aussi 20 triangles de côté r inscrits dans le dodécaèdre d'arête r/Φ (3 par sommet, chacun compté 3 fois), donc 600 tétraèdres d'arête r, et pour la même raison 600 d'arête $r\Phi$: il se trouve que le découpage parallèlement à

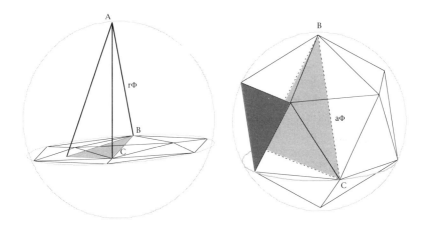

FIGURE 4.18. TÉTRAÈDRES INSCRITS DANS UN HYPERICOSAÈDRE

Dans l'hypericosaèdre J, à une distance $r\Phi$ du pôle A, on trouve l'icosaèdre tropical sud, d'arête $a = r$. Or sur cet icosaèdre ι, à une distance $a\Phi$ d'un point B, on trouve un pentagone, dont les diagonales mesurent $a\Phi$. Il existe donc 5 triangles équilatéraux d'arête $a\Phi$ passant par B et inscrits dans l'icosaèdre ι, soit en tout $(5 \times 12)/3 = 20$ triangles équilatéraux d'arête $a\Phi$ inscrits dans ι : ce sont des sections de l'icosaèdre parallèlement à une face. On en déduit : $(120 \times 20)/4 = 600$ tétraèdres réguliers d'arête $a\Phi$ inscrits dans l'hypericosaèdre J : ce sont les très grands tétraèdres de la 7° couche de sommets, parallèlement à une cellule tétraédrique.

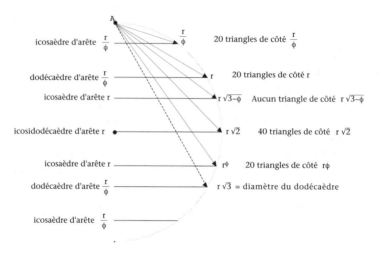

FIGURE 4.19. DÉNOMBREMENT DES TÉTRAÈDRES

La base d'un tétraèdre de sommet A inscrit dans l'hypericosaèdre est sur l'une des sections de l'hypericosaèdre perpendiculairement à OA, donc à l'une des distances : r/Φ, r, ... de A. Cette distance étant l'arête a du tétraèdre, il reste à voir combien cette section contient de triangles équilatéraux de côté a. Pour en déduire le nombre de tétraèdres, on multiplie par 120 (nombre de points A) et on divise par 4 (chaque tétraèdre étant compté quatre fois).

une cellule nous a fourni ces 1800 tétraèdres, mais il ne nous a pas fourni ceux d'arête $r\sqrt{2}$: dans un icosidodécaèdre d'arête r, il y a $(30 \times 4) / 3 = 40$ triangles équilatéraux de côté $r\sqrt{2}$ (car à distance $r\sqrt{2}$ d'un sommet, on trouve un carré de côté $r\sqrt{2}$: on reconnaît là les faces des 5 octaèdres inscrits), ce qui fait $(120 \times 40) / 4 = 1200$ tétraèdres d'arête $r\sqrt{2}$. Ce sont bien les tétraèdres inscrits dans les sections dodécaédriques de l'hypericosaèdre (10 tétraèdres pour chacune des 120 sections dodécaédriques).

Maintenant, dans l'hyperdodécaèdre, il y a en outre les calottes tétraédriques, d'arête $r/(\Phi\sqrt{2})$, ainsi que les cellules des hypertétraèdres, d'arête : $r\sqrt{(5/2)}$ ... Pour recenser toutes les possibilités de tétraèdres inscrits, il faut étudier systématiquement toutes les couches au départ d'un sommet. La même méthode vaut pour tous les polygones et polyèdres réguliers et semi-réguliers inscrits : peut-on inscrire, par exemple, un tétraèdre tronqué – solide archimédien, ou semi-régulier, dont les faces sont quatre triangles équilatéraux et quatre hexagones réguliers – dans un hypericosaèdre ? Si l'on appelle a l'arête de ce tétraèdre tronqué, la calotte d'un sommet est un triangle isocèle de côtés a, $a\sqrt{3}$ et $a\sqrt{3}$. Or étant donné les distances possibles de deux sommets d'un hypericosaèdre : r/Φ, r, $r\sqrt{(3-\Phi)}$, $r\sqrt{2}$, $r\Phi$, $r\sqrt{3}$, $r\sqrt{(\Phi+2)}$ et $2r$, il faut que $a = r$ pour avoir des points distants de a et des points distants de $a\sqrt{3}$. Mais à distance $a = r$ du pôle, on trouve un dodécaèdre inscrit dans une sphère de diamètre $r\sqrt{3}$, celui-ci ne contient donc pas de triangle isocèle de côtés a, $a\sqrt{3}$ et $a\sqrt{3}$ (trop grand pour la sphère).

Par contre, si je fais le même raisonnement dans l'hyperdodécaèdre L, les distances a et $a\sqrt{3}$ existent pour plusieurs valeurs de a : $r/(\Phi\sqrt{2})$, $r/\sqrt{2}$ ... et à distance $a = r/\sqrt{2}$ du pôle (4ème couche), on a un tétraèdre tronqué irrégulier, certes, mais dans lequel sont inscrits des triangles isocèles de côtés $(a, a\sqrt{3}, a\sqrt{3})$. Cela prouve qu'il peut exister un tétraèdre tronqué archimédien inscrit dans L, et dans la mesure où tous les sommets de L, de même que tous

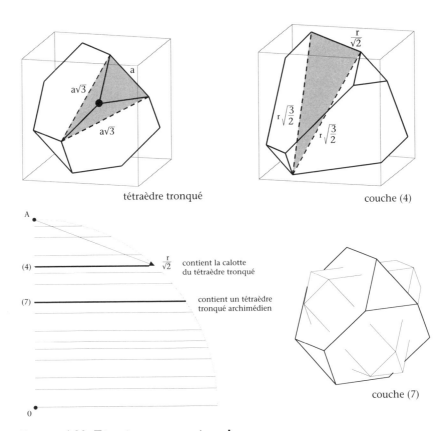

tétraèdre tronqué

couche (4)

(4) $\dfrac{r}{\sqrt{2}}$ contient la calotte du tétraèdre tronqué

(7) contient un tétraèdre tronqué archimédien

couche (7)

FIGURES 4.20. TÉTRAÈDRES TRONQUÉS DE L

Y a-t-il des tétraèdres tronqués archimédiens inscrits dans un hyperdodécaèdre ? La calotte d'un tétraèdre tronqué d'arête a est un triangle isocèle de côtés a, $a\sqrt{3}$ et $a\sqrt{3}$. À partir d'un sommet A de l'hyperdodécaèdre, la 4° couche de sommets, à distance $a = r/\sqrt{2}$ de A, contient bien un triangle isocèle de côtés $r/\sqrt{2} = a$, $a\sqrt{3}$ et $a\sqrt{3}$, ce qui rend vraisemblable l'existence dudit tétraèdre tronqué. Or la 7° couche de sommets est la réunion d'un tétraèdre tronqué archimédien de côté $r/\sqrt{2}$ et d'un cuboctaèdre irrégulier, de côtés $r/\Phi\sqrt{2}$ et $r\Phi/\sqrt{2}$.

les sommets du tétraèdre tronqué archimédien, jouent des rôles symétriques, cela prouve presque l'existence dudit archimédien. Pour terminer la preuve, il suffit de remarquer qu'en sectionnant L à partir d'un sommet, la 7ème couche d'altitude $r\sqrt{5}/4$ est la réunion d'un cuboctaèdre irrégulier, de côtés $r/(\Phi\sqrt{2})$ et $r\Phi/\sqrt{2}$, et d'un tétraèdre tronqué archimédien, de côté a = $r/\sqrt{2}$.

Que diriez-vous de poursuivre cet inventaire systématique des polygones, polyèdres et hyperpolyèdres réguliers inscrits dans l'hyperdodécaèdre L ? Par ordinateur ou à la main ? En s'efforçant de visualiser la position des 2700 cuboctaèdres par rapport aux 120 cellules dodécaèdriques de L...

Nous sommes loin d'avoir épuisé tous les problèmes, mais vous en savez assez pour poursuivre par vous-même cette gymnastique intellectuelle : construire de beaux hyperpolyèdres pour mieux visualiser la quatrième dimension.

FIGURE 4.21.

DÉNOMBREMENT DES HYPERPOLYÈDRES, POLYÈDRES ET POLYGONES INSCRITS

En appliquant systématiquement la méthode ci-dessus, on peut dénombrer les hyperpolyèdres réguliers, les polyèdres réguliers et semi-réguliers et les polygones réguliers inscrits dans chacun des hyperpolyèdres réguliers. Le tableau ci-contre donne le nombre d'objets de chaque sorte que l'on peut former avec les sommets d'un hyperpolyèdre régulier, et rappelle le nombre de cellules, faces, arêtes et sommets de cet hyperpolyèdre. Lorsque ces objets peuvent être de plusieurs tailles différentes, le nombre de tailles est précisé à côté du nombre d'objets : par exemple, avec les 600 sommets d'un hyperdodécaèdre, on peut former 92 000 triangles équilatéraux de 12 tailles différentes. Ces nombres sont impressionnants : pourrait-on former 92 000 triangles équilatéraux avec 600 points d'un plan ? ou même 10 triangles équilatéraux avec 5 points ?

	Hyper-dodécaèdre	Hyper-icosaèdre	Hyper-granatoèdre	Hypercube	Hyper-octaèdre	Hyper-tétraèdre
Hyperpolyèdres réguliers						
Hypertétraèdre	840	—	—	—	—	1
Hyperoctaèdre	675	75	3	2	1	—
Hypercube	675	75	3	1	—	—
Hypergranatoèdre	225	25	1	—	—	—
Hypericosaèdre	10	1	—	—	—	—
Hyperdodécaèdre	1	—	—	—	—	—
Polyèdres réguliers						
Tétraèdre	34 200 *7*	3000 *4*	48	32	16	5
Octaèdre	8 100 *2*	900 *2*	36 *2*	8	4	—
Cube	7 200 *4*	600	24	8	—	—
Icosaèdre	2 400 *2*	240 *2*	—	—	—	—
Dodécaèdre	1 560 *4*	120	—	—	—	—
Polyèdres semi-réguliers						
Cuboctaèdre	2 700	300	—	—	—	—
Icosidodécaèdre	720 *2*	60	—	—	—	—
Tétraèdre tronqué	600	—	—	—	—	—
Rhombicosidodécaèdre	120	—	—	—	—	—
Polygones réguliers						
Triangle	92 000 *12*	7600 *5*	224 *3*	64	32	10
Carré	41 850 *8*	3600 *2*	90 *2*	36 *2*	6	—
Pentagone	23 040 *9*	1584 *3*	—	—	—	—
Hexagone	2 800 *2*	200	—	—	—	—
Décagone	1 440 *2*	72	—	—	—	—
Nombre de sommets	*600*	*120*	*24*	*16*	*8*	*5*
arêtes	*1 200*	*720*	*96*	*32*	*24*	*10*
faces	*720*	*1 200*	*96*	*24*	*32*	*10*
cellules	*120*	*600*	*24*	*8*	*16*	*5*

Conclusion

Ah ! non ! c'est un peu court, jeune homme !
On pouvait dire... Oh ! Dieu !... bien des choses en somme.

On pouvait parler des hyperpolyèdres semi-réguliers, dont tous les sommets jouent un rôle identique mais dont les cellules ne sont pas toutes identiques et peuvent être elles-mêmes des polyèdres semi-réguliers.

On pouvait dire un mot du problème terminologique : ces hyperpolyèdres ou polytopes sont généralement dénommés (dans des ouvrages essentiellement en anglais) d'après leur nombre de cellules, ce qui traduit mal leur véritable structure et les analogies entre les polyèdres tridimensionnels et les hyperpolyèdres tétradimensionnels. Par contre, les mathématiciens décrivent la structure des polyèdres et polytopes par des formules précises qui pourraient suggérer une terminologie comparable à celle utilisée pour les molécules chimiques.

On pouvait généraliser cette étude, d'une part aux pavages du plan et de l'espace, qui sont en quelque sorte des polyèdres ou hyperpolyèdres ayant une infinité de faces ou cellules, d'autre part aux espaces de dimension supérieure à 4. Dans ces espaces, les hyperpolyèdres réguliers sont moins spectaculaires qu'en dimension 4, seuls existent l'hypertétraèdre, l'hypercube et l'hyperoctaèdre, néanmoins cela a donné lieu à bien des recherches mathématiques, et il reste encore des problèmes ouverts (abordés mais non résolus), par exemple : tout polyèdre ou hyperpolyèdre est-il la projection d'un hypercube de dimension suffisamment grande ? peut-on parcourir toute une section donnée d'un hypercube (de dimension quelconque) par un circuit hamiltonien (une suite d'arêtes qui ne repasse jamais par le même point) ? ou le problème de Feinkel Poljak : combien d'hyperplans faut-il, au minimum, pour couper toutes les arêtes d'un hypercube ?

On pouvait s'intéresser aux applications tridimensionnelles de ces structures tétradimensionnelles. Par exemple, le fait qu'un hypericosaèdre soit la réunion de cinq hypergranatoèdres disjoints entraîne, entre autres, qu'un icosidodécaèdre est la réunion d'un octaèdre et de quatre hexagones réguliers disjoints, parallèles aux faces de l'octaèdre et centrés au centre de l'octaèdre.

On pouvait... bien des choses, en somme ! Les possibilités de créer des objets mathématiques sont innombrables, au point qu'il serait bien présomptueux de penser que des créatures intelligentes d'une autre planète, capables de construire elles aussi des objets mathématiques, auraient construit nécessairement les mêmes que nous. Mais il serait tout aussi présomptueux de penser que ces créatures connaîtraient les concepts de gauche et de droite, ou que leurs miroirs inverseraient la gauche et la droite. « *Dieu a fait l'homme à son image, et l'homme le lui a bien rendu* », disait Voltaire.

L'universalité des mathématiques ne provient pas des objets mathématiques eux-mêmes, mais du fait qu'une fois construits, ces objets ont des propriétés qui résultent de leur construction, même s'il faut, parfois, des siècles de recherche pour établir ces propriétés. Celles-ci sont donc indépendantes du mathématicien qui étudie ces objets : pour toute créature intelligente qui possède le concept de polyèdre platonicien, il n'existe que cinq polyèdres platoniciens. Mais on peut fort bien concevoir une mathématique sans polyèdres platoniciens.

Car ce qui crée véritablement le concept mathématique, c'est le besoin qu'on en a, et c'est là que s'exprime pleinement la liberté inventive de l'homme. Si l'on en éprouve le besoin, on peut visualiser la quatrième dimension aussi bien que la troisième : tout comme le logiciel Géospace permet de manipuler des figures tridimensionnelles (dont on ne voit en fait qu'une projection sur l'écran), on peut concevoir un logiciel Géohyperspace permettant de manipuler des objets de dimension 4, que l'on pourrait même enrichir avec de la couleur et du mouvement... ce ne sont pas les possibilités qui manquent.

J'ai voulu, dans cet ouvrage d'initiation, ouvrir une porte vers un aspect trop souvent négligés des mathématiques. J'ai vécu moi-même un moment très fort lorsque j'ai commencé à construire mentalement l'hypericosaèdre. C'était en 1980, lors d'une randonnée à vélo en Finlande. Pendant une halte, je me suis précipité sur un papier et un crayon pour me rendre compte qu'ils ne m'étaient d'aucun secours, car je n'étais pas encore capable de dessiner les figures du présent ouvrage, je devais d'abord visualiser les objets que je construisais purement mentalement. Pour la première fois, les mathématiques prenaient une autre dimension en s'affranchissant de tout support écrit, et cette possibilité de visualiser mentalement des objets mathématiques, je l'ai ressentie comme une libération. À l'heure où l'on s'interroge sur l'avenir de notre enseignement scientifique, il me semble important de promouvoir la beauté de cette science en vous faisant partager, je l'espère, un peu du plaisir que j'ai ressenti à l'époque. Non, les mathématiques ne sont pas une enfilade de symboles abscons, et j'espère que le présent ouvrage abondamment illustré contribuera à donner à un assez grand public une autre image des mathématiques.

Glossaire

angle Les déplacements se composent essentiellement de translations et de rotations, et tout comme la distance mesure l'espace parcouru lors d'une translation, l'angle mesure l'espace parcouru lors d'une rotation. Mais alors que la distance est toujours une valeur absolue, un angle peut être soit non orienté (les angles d'un triangle par exemple), soit orienté, en prenant en compte le sens de rotation. S'il s'agit, dans l'espace de dimension 3, d'une rotation autour d'un axe, c'est l'orientation de l'axe qui définit le sens positif de rotation, si bien qu'une rotation de θ autour d'un vecteur u est la même qu'une rotation de $-\theta$ autour du vecteur $-$ u. Ceci est utilisé p. 63. Par ailleurs, comme un tour complet vaut 360°, ou encore 2π radians, un angle est défini modulo 360° ou modulo 2π, ce qui signifie que l'angle θ est le même que l'angle $2\pi + \theta$. Pour certains problèmes, au lieu de faire tourner des demi-droites (orientées), on considère l'angle de deux droites (non orientées) qui, lui, est défini modulo π, et permet d'éviter l'étude de différents cas de figures grâce, par exemple, au théorème : quatre points d'un plan A, B, C, D sont sur un même cercle si et seulement si les angles de droite (AC, AD) et (BC, BD) sont égaux.

arête Les arêtes d'un polyèdre (ou d'un hyperpolyèdre) sont les côtés des faces du polyèdre (ou de l'hyperpolyèdre). S'il s'agit d'un polyèdre (ou hyperpolyèdre) régulier ou semi-régulier, toutes ces arêtes sont de même longueur a : a est la plus petite distance de deux sommets du polyèdre (ou hyperpolyèdre), les arêtes sont donc les segments joignant deux sommets voisins.

calotte Dans cet ouvrage, j'appelle calotte d'un sommet A d'un polyèdre (ou hyperpolyèdre) convexe la figure formée par les sommets voisins de A (joints à A par une arête). S'il s'agit d'un polyèdre (respectivement hyperpolyèdre) régulier, la calotte est un polygone (respectivement polyèdre) régulier. Voir p. 53 et 75.

cellule Tout comme un polyèdre (de dimension 3) est délimité par des faces, un hyperpolyèdre (de dimension 4) est délimité par des cellules, à savoir des polyèdres dont les faces, les arêtes et les sommets sont les faces, les arêtes et les sommets de l'hyperpolyèdre. Un hypercube, par exemple, a 8 cellules cubiques, 24 faces carrées, 32 arêtes et 16 sommets. Voir p. 33.

cognitif Notre système cognitif, c'est l'ensemble de nos processus mentaux de compréhension, d'acquisition et d'utilisation des connaissances. Les sciences cognitives étudient le système cognitif sous différents aspects, neuro-biologique, psychologique, didactique, linguistique, etc. en s'intéressant également aux modélisations informatiques. Voir p. 25.

commutatif Une loi de composition ∗ est commutative si, quels que soient a et b, $a ∗ b = b ∗ a$. Un groupe est commutatif si sa loi de composition est commutative. Un corps est commutatif si sa multiplication est commutative. Voir p. 56.

complexe En créant un nombre i vérifiant : $i^2 = -1$, on construit l'ensemble des nombres complexes, c'est-à-dire des nombres $z = x + iy$, x et y étant deux nombres réels. En prologeant à cet ensemble **C** l'addition et la multiplication des réels : $(x+iy) + (x'+iy') = (x+x') + i(y+y')$, $(x+iy).(x'+iy') = (xx'-yy') + i(xy'+yx')$, on le munit d'une structure de corps commutatif, comme l'ensemble **R** des réels. Mais **C** possède encore plus de propriétés que **R**, notamment (théorème fondamental de l'algèbre) toute équation algébrique, de degré $n ≥ 1$, à coefficients complexes, admet n racines complexes (distinctes ou confondues), ou encore : toute fonction dérivable sur **C** est indéfiniment dérivable, ce qui explique que les nombres complexes jouent un rôle central en algèbre et en analyse. Voir p. 55.

convexe Un domaine est convexe si, quels que soient deux points A et B du domaine, tous les points du segment AB appartiennent au domaine. Cette définition s'applique en particulier aux polygones, polyèdres et hyperpolyèdres (polytopes), et le présent ouvrage s'intéresse presque exclusivement aux polygones, polyèdres et hyperpolyèdres convexes. Considérons n points du plan (respectivement de l'espace de dimension 3 ou de dimension 4), le plus petit domaine convexe contenant ces n points est appelé enveloppe convexe des n points, c'est un polygone (respectivement polyèdre ou hyperpolyèdre).

corps   Ensemble muni de deux lois de composition internes,

    • l'une, notée +, qui en fait un *groupe commutatif*, ce qui signifie qu'elle est associative : quels que soient a, b et c, $(a + b) + c = a + (b + c)$; commutative : quels que soient a et b, $a + b = b + a$; qu'elle admet un élément neutre 0 : quel que soit a, $a + 0 = a$; et que tout élément a admet un symétrique, c'est-à-dire un élément $-a$ vérifiant : $a + (-a) = 0$.

    • l'autre, notée multiplicativement, qui est associative : quels que soient a, b et c, $(a.b).c = a.(b.c)$; pas nécessairement commutative (lorsqu'elle est commutative, le corps est dit commutatif) ; distributive par rapport à l'addition : quels que soient a, b et c, $a.(b+c) = a.b + a.c$ et $(b+c).a = b.a + c.a$; qui admet un élément neutre 1 : pour tout a, $a.1 = 1.a = a$; et dont tout l'élément a hormis 0 possède un symétrique a' (appelé inverse de a) vérifiant : $aa' = a'a = 1$.

La distributivité entraîne : quel que soit a, $a.0 = 0.a = 0$, donc 0 ne peut pas admettre d'inverse. Mais le corps privé de 0, muni de la seule loi de multiplication, est un groupe.

Le corps le plus utilisé est le corps des nombres réels, toutefois il en existe bien d'autres, inclus dans le corps des réels comme le corps des nombres rationnels p/q (p et q entiers), ou plus larges comme le corps des nombres complexes, mais également des corps finis (n'ayant qu'un nombre fini d'éléments), des corps non commutatifs (le corps des quaternions), etc.

dimension   Un espace de dimension n est un espace dont chaque point est défini par n nombres indépendants. Dans le cas le plus classique, il s'agit de n nombres réels. En physique, ces nombres peuvent décrire toutes sortes de caractéristiques du point, mais notre concept intuitif de dimension implique une possibilité de *déplacement* : dans notre espace de dimension 3, chaque objet est positionné par trois nombres réels (trois coordonnées), et peut se déplacer d'une certaine distance dans une direction, définie elle aussi par trois nombres réels (les trois composantes du vecteur).

En ce sens, un espace de dimension 4 n'a pas d'existence dans l'univers où nous vivons, car nous ne pouvons pas étendre notre liberté de déplacement à une quatrième dimension. Mais, selon moi, même dans le cas d'espaces de dimension 1, 2 ou 3, l'objet mathématique que nous fabriquons est fondamentalement abstrait, déconnecté de toute réalité, et ce même processus d'abstraction permet tout aussi bien de construire des espaces de dimension 4 ou plus, et de visualiser des objets d'un espace de dimension 4 comme nous visualisons des objets tridimensionnels, par exemple à partir d'un dessin sur une feuille de papier ou d'une animation vidéo, en construisant une image mentale qui, quel que soit l'objet visualisé, ne s'identifie jamais à l'objet lui-même. Voir p. 29.

dualité   La dualité apparaît dans plusieurs chapitres des mathématiques pour désigner une correspondance entre des objets mathématiques telle que toute propriété de l'un se traduise par une propriété de l'autre. Concernant les polyèdres, elle s'applique non pas aux polyèdres en tant qu'objets géométriques, mais au concept combinatoire de polyèdre, à savoir un ensemble de faces, arêtes et sommets liés par des relations d'appartenance des sommets aux arêtes et des arêtes aux faces : la dualité transformera les faces d'un polyèdre P en les sommets de son dual P', les arêtes de P en les arêtes de P' et les sommets de P en les faces de P', en inversant les relations d'appartenance. Dans le cas très particulier où P est un polyèdre régulier, on peut choisir comme sommets de P' les centres des faces de P. Voir p. 41.

face   Une face d'un polyèdre est l'un des polygones délimitant le polyèdre, ses sommets sont des sommets du polyèdre et ses côtés, des arêtes du polyèdre. Une face d'un hyperpolyèdre est une face d'une cellule délimitant l'hyperpolyèdre, ses sommets et ses côtés sont sommets et arêtes de l'hyperpolyèdre. La terminologie traditionnellement utilisée pour désigner les polyèdres réguliers (hormis le cube) fait référence au nombre de faces : tétraèdre (quatre faces), octaèdre (huit faces), dodécaèdre (douze faces) et icosaèdre (vingt faces). Bien qu'il existe plusieurs polyèdres archimédiens (semi-réguliers) ayant quatorze faces (cuboctaèdre, etc.), l'un d'entre eux est parfois appelé : tétrakaïdécaèdre (ce qui signifie : quatorze faces).

groupe   Ensemble muni d'une loi de composition interne (que l'on notera $*$) associative ; quels que soient a, b, c $(a*b)*c = a*(b*c)$,
admettant un élément neutre e : tel que pour tout a, $a*e = e*a = a$
et dont tout élément a admette un symétrique : un élément a' tel que $a*a' = a'*a = e$.
Si la loi est en outre commutative (quels que soient a et b, $a*b = b*a$), le groupe est dit commutatif.
L'addition des nombres (entiers, réels…) fournit des exemples élémentaires de groupes : groupe des entiers relatifs, groupe des réels… mais la notion de groupe est apparue avec l'étude des groupes finis, c'est-à-dire ayant un nombre fini d'éléments, avec comme loi de composition la composition des rotations ou des permutations. Voir p. 56.

module   Le module d'un nombre complexe $z = x + iy$ est le nombre réel positif : $|z| = \sqrt{x^2 + y^2}$. Si l'on représente le nombre complexe $z = x + iy$ par le point M d'un plan, de coordonnées (x, y), le module de z est la distance de ce point M à l'origine O $(0,0)$ du plan. De même, le module d'un quaternion $q = t + ix + jy + kz$ est le nombre réel positif : $|q| = \sqrt{t^2 + x^2 + y^2 + z^2}$, et c'est la distance de ce quaternion à l'origine. Les modules vérifient deux propriétés essentielles : le module d'un produit est le produit des modules, et le module d'une somme est inférieur ou égal à la somme des modules (inégalité triangulaire, ou inégalité du triangle). Voir p. 60.

nombre d'or Le nombre d'or $\Phi = (\sqrt{5} + 1)/2$ joue un rôle important en mathématiques : notamment, dans un pentagone régulier, la longueur d'une diagonale vaut Φ fois la longueur d'un côté. Ce nombre vérifie : $\Phi^2 = \Phi + 1$, et la suite de Fibonacci (définie par $F_0 = 0$, $F_1 = 1$ et pour tout n, $F_{n+1} = F_n + F_{n-1}$) fournit les meilleures approximations rationnelles F_{n+1}/F_n du nombre d'or. Un rectangle d'or est un rectangle dont le rapport longueur / largeur est le nombre d'or : c'est la réunion d'un carré et d'un autre rectangle d'or. La lettre Φ traditionnellement utilisée pour désigner le nombre d'or fait référence au sculpteur grec Phidias.

polyèdre Un polyèdre est un solide de l'espace de dimension 3, délimité par plusieurs faces, c'est-à-dire par plusieurs polygones plans. Il importe de distinguer les polyèdres convexes des polyèdres non convexes (par exemple, les polyèdres étoilés). Un polyèdre est convexe si quel que soit le plan Π contenant une face du polyèdre, tous les autres sommets du polyèdre sont du même côté de Π. Le présent ouvrage s'intéresse presque exclusivement aux polyèdres convexes. Ceux-ci sont entièrement déterminés par leurs sommets, d'où l'on déduit leurs faces et leurs arêtes (les côtés des faces).

polytope On appelle traditionnellement polytope ce que, dans le présent ouvrage, j'appelle hyperpolyèdre, à savoir l'équivalent d'un polyèdre dans un espace de dimension 4 ou de dimension quelconque. Dans un espace de dimension 4, c'est un domaine délimité par des polyèdres, appelés *cellules* du polytope. Habituellement, la dénomination des polytopes réguliers de dimension 4 fait référence à leur nombre de cellules (en anglais : « 24-*cells* », « 120-*cells* »…), ce qui ne rend pas bien compte de leur structure et des analogies avec les polyèdres de dimension 3. J'ai préféré une terminologie : hypertétraèdre, hyperoctaèdre, hypercube, hypergranatoèdre, hypericosaèdre et hyperdodécaèdre qui fasse le lien avec les polyèdres platoniciens, d'où l'usage du terme « hyperpolyèdre » au lieu de « polytope ».

produit vectoriel Le produit vectoriel $\vec{u} \wedge \vec{v}$ de deux vecteurs $\vec{u}$ et $\vec{v}$ d'un espace de dimension 3 est le vecteur surface du parallélogramme formé par ces deux vecteurs, c'est-à-dire un vecteur perpendiculaire au plan de ce parallélogramme, dont le sens est fonction de l'orientation de l'espace et dont la mesure (la norme) est égale à l'aire du parallélogramme. Si deux vecteurs sont colinéaires, leur produit vectoriel est le vecteur nul. Si, dans un repère orthonormé, les vecteurs $\vec{u}$ et $\vec{v}$ ont pour composantes respectives (a,b,c) et (x,y,z), leur produit vectoriel $\vec{u} \wedge \vec{v}$ a pour composantes $(bz-cy, cx-az, ay-bx)$. Le produit vectoriel n'est donc pas commutatif : $\vec{u} \wedge \vec{v} = -\vec{v} \wedge \vec{u}$. Par ailleurs, il existe un lien entre le produit vectoriel et le produit des quaternions : voir p. 62.

quaternion En créant trois nombres i, j, k vérifiant : $i^2 = j^2 = k^2 = -1$, $ij = -ji = k$, $jk = -kj = i$, $ki = -ik = j$, on construit l'ensemble des quaternions, c'est-à-dire des nombres $q = t + ix + jy + kz$, t, x, y, z étant quatre réels. En prolongeant à cet ensemble **H** l'addition et la multiplication des réels, on le munit d'une structure de corps non commutatif (qq' n'est pas égal à $q'q$) : c'est même l'exemple le plus classique de corps non commutatif. On peut identifier un quaternion à un point d'un espace de dimension 4, et les sommets de certains hyperpolyèdres réguliers sont des groupes de quaternions qu'il est intéressant de rapprocher du groupe des rotations laissant fixe un tétraèdre (ou un icosaèdre) et du groupe des permutations de quatre (ou cinq) éléments. Voir p. 60.

régulier Un polyèdre (convexe) est régulier si toutes ses faces sont des polygones réguliers identiques et tous ses sommets jouent le même rôle, donc appartiennent au même nombre de faces. Un hyperpolyèdre ou polytope est régulier si toutes ses cellules sont des polyèdres réguliers identiques et tous ses sommets appartiennent au même nombre de cellules. Il existe 5 polyèdres réguliers et 6 hyperpolyèdres réguliers (de dimension 4) : voir p. 70. Un polyèdre est semi-régulier si toutes ses faces sont des polygones réguliers, mais non identiques, et tous ses sommets jouent le même rôle, donc appartiennent au même nombre de faces de chaque sorte, dans le même ordre. Cette définition peut se généraliser aux hyperpolyèdres, mais en distinguant les hyperpolyèdres dont toutes les cellules sont des polyèdres réguliers, comme l'hyperpolyèdre J' utilisé p. 80 pour construire l'hypericosaèdre, et ceux, beaucoup plus nombreux, dont les cellules peuvent être semi-régulières. Par ailleurs, cette définition permet de construire 14 polyèdres semi-réguliers alors que la liste des polyèdres archimédiens n'en contient traditionnellement que 13, la « quatorzième archimédienne » d'Ashkinuzi, ou polyèdre de Bert (1946), étant moins symétrique que les autres.

rotation Dans le plan, une rotation est un déplacement autour d'un point fixe. Dans un espace de dimension 3, une rotation est un déplacement autour d'une droite fixe. Dans un espace de dimension 4, une rotation sera donc un déplacement autour d'un plan fixe : voir p. 49. On peut utiliser les hyperpolyèdres (hypergranatoèdre ou hypericosaèdre) en tant que groupes de quaternions pour étudier le groupe des rotations qui laissent invariant un tétraèdre ou un icosaèdre : voir p. 67.

théorème de Thalès Si, dans un triangle ABC, une parallèle à BC coupe AB et AC en M et N respectivement, $AM/AB = AN/AC = MN/BC$. C'est une variante plus générale de ce théorème que j'utilise dans le présent ouvrage (par exemple p. 87) : si une droite est découpée par plusieurs droites (plans, hyperplans…) parallèles, les longueurs des segments ainsi déterminés sont proportionnelles aux distances entre les droites (plans, hyperplans) parallèles.

Bibliographie

Concernant le *problème du miroir*, plusieurs références ont été citées en note de bas de page dans ce premier chapitre.

Pour une approche plus classique des *polytopes*, que j'appelle « hyperpolyèdres » dans le présent ouvrage, on pourra consulter entre autres :

BAYER, M.M. & LEE, C.W., Combinatorial Aspects of Convex Polytopes, *in* P.M. Gruber & J.M. Wills eds, *Handbook of Convex Geometry* (vol. A, p. 485–534), North-Holland, 1993.

BISZTRICZKY, Tibor (Ed.) *Polytopes : abstract, convex and computational*, London (Kluwer), 1994.

BRONDSTED, Arne, *An Introduction to convex polytopes*, New-York (Springer), 1983.

COXETER, Harold Scott Macdonald,
Regular polytopes, London (Methuen, 1948 (3ème édition : New York, Dover Publications, 1973).
Regular complex polytopes, Cambridge University Press), 1974 (et 2ème édition 1991).

GRÜNBAUM, Branko, *Convex polytopes*, London (Interscience publishers), 1967.

MIYAZAKI, Koji (J-KOBEE) *An adventure in multidimensional space*, translated from the Japanese by Miyazaki. New York (John Wiley & Sons), 1986.

ZIEGLER, Günter M., *Lectures on polytopes*, New York (Springer), 1995.

Achevé d'imprimer sur les presses
de l'Imprimerie France Quercy
113, rue André Breton, 46001 Cahors
d'après montages et gravure numériques
(Computer To Plate)
Dépôt légal : mai 2002
Numéro d'impression : 21088

Numéro d'éditeur : M.J. 228